职业院校数控技术应用专业规划教材

机械工程材料

郎一民　李玉青◎主　编

吴晶波◎副主编

中国铁道出版社有限公司
CHINA RAILWAY PUBLISHING HOUSE CO., LTD.

内 容 简 介

本书共 10 章,主要包括金属材料的性能、金属材料的结构与结晶、常用非合金钢材料、钢的热处理、常用合金钢材料、常用铸铁材料、常用轧制钢材、有色金属及硬质合金材料、非金属材料、工程材料的选用。本书内容由浅入深、循序渐进、图文并茂,有较强的实用性,采用新的国家标准,并对上一版教材内容进行了适当的调整、取舍和更新。

本书适合作为职业院校机械类数控专业、模具专业等相关专业教材,也可作为职业培训教材和参考书。为方便学习,每章后面都有小结、复习题等内容,供广大师生参考。

图书在版编目(CIP)数据

机械工程材料/郎一民,李玉青主编. —2 版. —北京:中国
铁道出版社有限公司,2021.10
职业院校数控技术应用专业规划教材
ISBN 978-7-113-27730-7

Ⅰ.①机… Ⅱ.①郎…②李… Ⅲ.①机械制造材料-高等
职业教育-教材 Ⅳ.①TH14

中国版本图书馆 CIP 数据核字(2021)第 025730 号

书　　名:机械工程材料
作　　者:郎一民　李玉青

策　　划:陈　文　　　　　　　　　　　　编辑部电话:(010)83529867
责任编辑:陈　文　张松涛
封面设计:高博越
责任校对:焦桂荣
责任印制:樊启鹏

出版发行:中国铁道出版社有限公司(100054,北京市西城区右安门西街 8 号)
网　　址:http://www.tdpress.com/51eds/
印　　刷:三河市宏盛印务有限公司
版　　次:2009 年 11 月第 1 版　2021 年 10 月第 2 版　2021 年 10 月第 1 次印刷
开　　本:787 mm×1 092 mm 1/16　印张:10.25　字数:259千
书　　号:ISBN 978-7-113-27730-7
定　　价:32.00 元

本书根据教育部颁布的职业院校机械类金属工艺学教学大纲(金属材料部分)及有关行业中级技术工人考核等级标准进行编写,可供职业院校机械类专业及其相关专业作为教学用书,也可作为职业培训教材和参考书。

本书从培养学生综合职业能力出发,注重对学生的能力进行全面的培养,突出职业教育教学的特点,配置了大量参考图片、实物照片及表格,图文并茂,直观性、可读性强。同时,本书中还适时插入拓展延伸、相关链接及典型实例,以拓展学生思维空间,提高学生分析问题、解决问题的能力,增强学生的学习兴趣。每章后面都有小结、复习题等内容,以利于学生对相关知识的掌握与理解。

本书为第二版,本着"知识够用"的原则,本次修订,我们降低了理论教学的难度,删除了传统的以学科体系为背景的抽象原理和陈述性知识,以强化知识的应用性。对部分教材内容的难度做了适当的调整;采用最新的国家技术标准,使教材更加科学规范,同时反映时代发展的新知识、新技术、新工艺、新方法,拓宽学生的视野,培养学生的创新精神。

本课程教学总学时建议为 60 学时,各部分内容学时分配参考意见见下表:

章 节	课程内容	学时数		
		合计	讲授	实践
一	绪 论	2		
1	金属材料的性能	8	4	4
2	金属材料的结构与结晶	8	6	2
3	常用非合金钢材料	4	4	
4	钢的热处理	10	8	2
5	常用合金钢材料	6	6	
6	常用铸铁材料	4	4	
7	常用轧制钢材	4	2	
8	有色金属及硬质合金材料	6	4	2
9	非金属材料	2		
10	工程材料的选用	2		
	机 动	4		
	总 计	60	38	10

本书由郎一民、李玉青任主编,吴晶波任副主编,黄医博、宋瑞东、李又孪、郭聿荃、汪洪宇参与编写。湖南铁道职业技术学院朱鹏超对本书的编写提出了宝贵意见,并审核了全部书稿,在此表示感谢。

由于编写时间仓促,书中难免有一些不妥或疏漏之处,敬请各位读者批评指正。

编 者

2020 年 11 月

目　录

绪　论

当今世界将材料、信息和能源并称为社会新科技革命的三大支柱,而材料又是信息和能源及高新技术发展和现代文明的物资基础。因此,各国均把材料科学视为重点发展的对象,可以说是活跃在科技前沿的学科之一。

1. 机械工程材料在现代工业中的地位与作用

机械工程材料可以分为金属材料和非金属材料两大类。金属材料在现代工业中占据材料工业的主导地位,它包括黑色金属和有色金属,非金属材料包括无机非金属材料和有机高分子材料。无机非金属材料如陶瓷、玻璃、水泥、耐火材料及碳素材料等,有机高分子材料如橡胶、工程塑料及复合材料等。

金属材料的发展与国民经济的发展密切相关,从电子元器件、化工产品、通信设备、汽车、高速列车和机械工业等领域到计算机、飞机、机器人、导弹、火箭、卫星、核潜艇到航空母舰等尖端技术领域所需的零部件、构件等均离不开金属材料,其在现代化建设中的应用如图 0-1 所示。

图 0-1　金属材料在现代化建设中的应用

金属材料不仅具有优良的物理性能、化学性能及力学性能,能满足各零件的使用性能,而且还具有良好的加工工艺性能,更为主要的是,金属材料可以通过调整化学成分,尤其是钢经过热处理后能改变材料的表面及内部的组织结构与性能,从而满足工程需要。

据统计,目前机械工业部门所用的材料将近 80%~90% 是金属材料,随着经济的飞速发展和科学技术的日新月异,对材料的要求将向着高强度、高刚度、高韧性、耐高温、耐腐蚀等多功能方向发展。

　　另外,非金属材料,如高分子材料、工业陶瓷及复合材料,近几十年来,在机械行业发展中无论从产品的数量和品种上均取得了快速增长,特别是人工合成高分子材料的发展非常迅猛,高分子材料包括工程塑料(聚氯乙烯、聚苯乙烯)、合成橡胶、合成纤维、胶黏剂等其体积产量已经远远超过钢的体积产量,它将越来越多地被应用到机械行业之中,并已经成为机械制造业中不可缺少的重要组成部分。

　　工业陶瓷由于具有高强度、耐磨损、耐氧化及耐腐蚀等优点,被广泛应用于机械工业,如图 0-2 所示的数控加工用陶瓷切削刀具等,另外也用于建筑、电气、卫生、纺织、日用产品方面,如图 0-3 所示陶瓷日用刀具等。

图 0-2　陶瓷切削刀具　　　　　　　　图 0-3　陶瓷日用刀具

　　复合材料是将多种单一材料采用不同成形方式组合成的一种新型材料,如玻璃纤维增强风机的叶片、增强尼龙车轮辐条、自行车、滑雪板、小帆船及防弹衣等既保持组成材料各自的最佳特性,又具有组合后的新特性,特别是碳纤维——环氧树脂复合材料的比强度约是钢的 8 倍,比模量约是钢的 4 倍。大多数增强纤维均能在高温下保持高强度的特性,另外复合材料还可以根据人的要求来改善材料的使用性能,从而有效地发挥材料的潜力,随着新型复合材料的研制和应用越来越多,本世纪即将成为复合材料的时代,复合材料在经济生活中的应用如图 0-4 所示。

图 0-4　复合材料在经济生活中的应用

2. 本课程性质特点与任务

机械工程材料是一门综合性比较强的专业基础课,它具有从生产实践中发展起来,又直接为生产服务的特点,因此在学习过程中要着重理论联系实际,多观察、多思考,逐步培养分析问题和解决问题的能力。工程材料涵盖金属材料及非金属材料两大部分,而金属材料在其中占有绝大篇幅,是该课程学习的重点部分,金属材料种类繁多,其性能千变万化,因此主要采用以点带面的方式,系统地介绍典型金属材料合金化的一般规律及各类主要金属材料的成分、工艺、组织和性能之间的关系。

本课程内容以应用为主,够用为度,采用最新国家标准,充分体现职业教育的针对性、实践性和应用型的特点,使学生了解机械工程材料的基础理论知识,掌握常用工程材料的种类、成分、性能和改变材料性能及选材的方法。为学习其他相关专业课及今后从事机械加工制造工作奠定坚实的基础。

3. 学习方法及学习建议

由于金属材料的种类繁多,性能千变万化,再加上课程涉及的名词术语多、概念多、符号和材料的牌号多,金属学和热处理又具有一定的抽象性,学习起来具有一定的难度。因此,在学习本课程时,建议应按照材料的成分、组织、性能和用途这条主线将内容串起来,以达到事半功倍的学习效果。另外应适当安排金工实习等实践课,以增强学生对理论知识的掌握,也可以利用现代化教学手段,采用多媒体教学,结合实际生产以丰富教学内容,从而激发学生的学习热情。

第 1 章
金属材料的性能

学习目标

- 了解金属材料的物理、化学、力学及工艺性能。
- 掌握金属材料强度、塑性、硬度、韧性的定义、测定原理与方法。
- 明确金属材料力学性能指标的测定。

1.1 金属材料的物理、化学性能

在生产和生活实践中需要使用大量的金属材料,而不同的金属材料又表现出不同性能,包括使用性能和工艺性能。使用性能是指在材料使用过程中所表现出来的性能,包括物理性能、化学性能、力学性能等;工艺性能是指材料对各种加工工艺的适应能力,包括铸造性能、锻造性能、焊接性能、切削加工性能及热处理性能等。

1.1.1 金属材料的物理性能

金属材料在各种物理现象作用下所表现出来的性能称为物理性能,主要体现在密度、熔点、导电性、导热性、磁性和热膨胀性等方面。

(1)密度:相同体积的不同金属,具有不同的质量。质量大的密度大,质量小的密度小,它是物体单位体积的质量,当密度小于 $4.5×10^3$ kg/m³ 的金属称为轻金属,如铝及铝合金、镁及镁合金、钛及钛合金等;当密度大于 $4.5×10^3$ kg/m³ 的金属称为重金属,如金、银、铜及铜合金、铁及铁合金等,所以说密度的大小决定了零件的自重,密度符号用 ρ 来表示。

(2)熔点:金属由固体状态转变成液体状态时的温度称为熔点,金属等晶体材料一般均具有固定的熔点,如钛的熔点为 1 678 ℃,纯铁的熔点为 1 538 ℃,锡的熔点为 232 ℃等。高熔点的金属,如钨、钼、钒等材料可用于制造耐高温零件,如白炽灯钨丝、焊接电极、燃气轮机零件、数控线切割机床所用钼丝等,钼丝线切割零件如图 1-1 所示。低熔点金属,如铅、锡等可用于制造熔丝及钎焊料等;而高分子等非晶体材料一般不具有固定的熔点。

(3)导热性:将金属棒一端加热,另一端会逐渐变热,金属这种传导热能的性质称为导热性。

导热性好的金属散热也好。各种金属的导热能力是不同的,其中银的导热性最好,铜次之,铁的导热性较差。一般纯金属导热性好,与其相应的金属合金导热性较差。金属材料的导热性用热导率 λ 来表示,热导率越大,材料的导热性越好。

另外,在热加工及热处理过程中,必须考虑金属材料的导热性问题,以防止材料在加热或冷却时形成过大的内应力从而造成零件的变形与开裂现象。

图 1-1　钼丝线切割零件

(4)导电性:金属都具有导电性的特性,金属这种具有传导电流的能力称为导电性。用电阻率来衡量,电阻率越小,金属导电性越好,反之越差。各种金属的导电性能是不同的,其中金、银的导电性最好,铜、铝次之。一般纯金属导电性好,与其相应的金属合金导电性较差。在电力工业上一般采用电阻率小的金属,如纯铜、纯铝制造成导电元器件及电线、电缆等,采用电阻率大的,如钨、钼、铁、铬等合金制造成电热元件,如图 1-2 所示。

(5)磁性:金属材料在磁场中被磁化的性能称为磁性。根据磁化程度的不同,在外磁场中能强烈磁化的为铁磁材料,如铁、钴等,可用于制造变压器及发电机的转子铁芯,如图 1-3 所示;在外磁场中只能微弱磁化的为顺磁材料,如锰、铬等;在外磁场中能抗拒或削弱对材料本身磁化作用的为抗磁材料,如铜、锌等材料。

(6)热膨胀性:金属受热体积增大、遇冷体积收缩的特性称为金属的热膨胀性。不同的金属体积随温度变化的大小也不同。热膨胀性是金属物理性能中很重要的指标,尤其表现在选材、加工、装配方面,如量具只有保持高度的尺寸稳定性才能准确,这样在制造时就应选择热膨胀系数小的材料。在电子元器件中常用两种不同线膨胀系数金属叠加在一起制作成金属记忆弹片,用于自动空气开关、热继电器、电饭煲及电水壶等产品中,热继电器如图 1-4 所示,金属热膨胀性一般用线膨胀系数 α_l 来表示。

图 1-2　电热元件　　　图 1-3　发电机转子铁芯　　　图 1-4　热继电器

常见金属的密度、熔点、热导率及室温下线膨胀系数对比见表 1-1。

表 1-1　常见金属的密度、熔点、热导率及线膨胀系数

金属名称	符　　号	密度 $\rho/(10^3\ kg/m^3)$	熔点 $T_0/℃$	热导率 $\lambda/[W/(m \cdot K)]$	线膨胀系数 $\alpha_l/(1/℃)$
银	Ag	10.49	960	419	19.7
铝	Al	2.7	660	222	23.6
铜	Cu	8.96	1 083	393	17.0
铬	Cr	7.19	1 903	0.937	6.2
铁	Fe	7.78	1 538	75	11.76
镁	Mg	1.74	650	156	24.3

金属名称	符　号	密度 $\rho/(10^3 \text{ kg/m}^3)$	熔点 $T_0/℃$	热导率 $\lambda/[\text{W}/(\text{m·K})]$	线膨胀系数 $\alpha_l/(1/℃)$
镍	Ni	8.90	1 453	91	13.4
钛	Ti	4.51	1 677	22	8.2
锡	Sn	7.30	232	67	2.3
钨	W	19.3	3 380	174	4.6

1.1.2 金属材料的化学性能

金属材料对周围介质侵蚀的抵抗能力称为金属材料的化学性能,不同的金属材料的化学稳定性是不一样的,材料的化学性能主要包括耐腐蚀性和抗氧化性等。

(1)耐腐蚀性:指金属材料在高温下对大气、水蒸气、酸及碱等介质的抵抗能力。如铁在潮湿的空气中会生的红锈、铜生的绿锈及铝生的白锈等,这种现象就是金属的腐蚀现象。

(2)抗氧化性:指金属材料在常温下对周围介质中氧的抵抗能力。如在高温下铁会生成很厚的氧化皮,而耐热钢却不会生氧化皮,这说明铁在高温下易与氧结合,生成氧化皮从而造成金属的损耗,甚至报废,因此对于处在高温下工作的零件,必须采用抗氧化性好的材料来制造。

1.2　金属材料的力学性能

1.2.1　概述

金属材料的力学性能是指金属在外力作用下所表现出来的抵抗能力,主要包括强度、硬度、塑性、冲击韧性及疲劳强度等。在设计与制造机械设备选用金属材料时,以力学性能为主要依据,因此掌握和熟悉金属材料的力学性能显得尤为重要。

1. 载荷

金属所受的外力又称载荷,根据载荷施加方式的不同将载荷分为静载荷(大小不变或变化缓慢的载荷)、冲击载荷(在短时间内以较高速度突然增加的载荷)、交变载荷(大小或方向随时间作周期性变化的载荷)。

根据载荷作用形式不同,可分为拉伸、压缩、弯曲、剪切和扭转等几种形式。金属受到载荷作用而产生几何形状和尺寸的变化称为变形。变形可分为弹性变形和塑性变形两种。

金属受外力作用时,为保持其不变形,在材料内部作用着与外力相对抗的力称为内力。

单位面积上的内力称为应力。金属材料受到拉伸载荷或压缩载荷作用时,其横截面积上的应力按下列计算公式:

$$R = \frac{F}{S}$$

式中　R——应力,MPa(1 MPa$=$1 N/mm^2$=$10^6 Pa、1 Pa$=$1 N/m^2);

　　　F——外力,N;

　　　S——横截面积,mm^2。

金属材料力学性能指标强度、塑性的测定方法,广泛使用的是拉伸试验机,拉伸试验机如图 1-5

所示。

2. 比例试样

比例试样是指试样原始标距与原始横截面积成比例关系，即 $L_0 = K\sqrt{S_0}$。

其中，L_0 为原始标距；S_0 为原始横截面积；K 为常数，在国际上一般取 $K = 5.65$。当试样横截面积太小，以致采用比例系数 K 为 5.65 不能符合这一最小标距要求时，可采用较高的值（$K = 11.3$）或采用非比例试样进行标距。

当钢材试样为圆柱形比例试样时：

(1)$K = 5.65$，取 $L_0 = 5d_0$（短试样）。

(2)$K = 11.3$，取 $L_0 = 10d_0$（标准试样）。

常见圆柱形标准拉伸试样如图 1-6 所示。

d_0 为原始试样直径，L_0 为原始试样的标距长度（$L_0 = 10d_0$）。

图 1-5　拉伸试验机

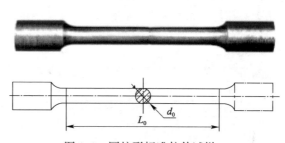

图 1-6　圆柱形标准拉伸试样

3. 拉伸曲线图

在试样两端缓慢地施加载荷，使试样受轴向拉力而沿轴向伸长，直到拉断为止。一般试验机都带有自动记录装置，可把作用在试样上的力和所引起的试样伸长量自动记录下来，并绘出"力—伸长"曲线，称为拉伸曲线或拉伸图。低碳钢拉伸曲线示意图如图 1-7 所示，曲线的纵坐标为载荷 F，单位为 N，横坐标是绝对伸长量 ΔL，单位为 mm。

(1)斜直线部分(弹性变形部分)当载荷力比较小，即在 F_e 以下阶段时，试样伸长随载荷增加成正比例增加，保持直线关系。该阶段试样变形是弹性的，若卸载后变形能完全恢复，该阶段为弹性变形阶段。

(2)锯齿线部分(屈服阶段)当载荷超过 F_e 后，拉伸曲线开始偏离直线。再继续略增加力，将产生微量塑性变形，而后进入塑性变形阶段，此阶段为外力不增加或略有减少的情况下，而变形继续进行，此现象称为屈服现象。

如图 1-8 所示，在载荷力 F 的作用下试样变形量为 OG，则弹性变形和塑性变形分别为 ab 和

bc。若卸载载荷后弹性变形 ab 将恢复,塑性变形 bc 将被保留下来。过 c 点作 Ob 的平行线在横轴上交 D 点,部分残余变形 OD 将被保留下来,即试样伸长量为 $\Delta L = OD$。

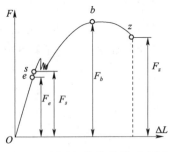 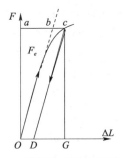

图1-7　低碳钢拉伸曲线示意图　　　　1-8　弹塑性变形阶段示意图

(3)弧线上升部分(强化阶段)试样要继续变形,就必须不断增加载荷。随着塑性变形增大,强度不断上升,此现象称为形变强化(或加工硬化),这个阶段试样产生均匀塑性变形。

(4)弧线下降部分(颈缩阶段)载荷继续升高,当到最大载荷 b 时,试样的某一部位横截面开始缩小,出现了颈缩现象。由于颈缩处试样截面急剧缩小,继续变形所需的载荷下降,当载荷达到 z (z 为断点)时,低碳钢试样产生断裂,断裂后对接图如图1-9所示。

工程上使用的金属材料拉伸时,并不是都有明显的四个阶段,对于脆性材料,如铸铁、高碳钢、青铜、淬火钢等,拉伸时弹性变形后马上发生断裂,没有明显的屈服现象,断口处也没有明显的颈缩现象,最大载荷就是断裂载荷。脆性材料铸铁拉伸断裂如图1-10所示。

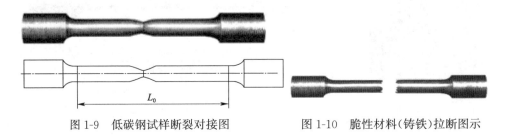

图1-9　低碳钢试样断裂对接图　　　　图1-10　脆性材料(铸铁)拉断图示

拓展延伸

　　金属材料在外加载荷作用下最先产生弹性变形。弹性变形的特点:变形是可逆的;不论是加载或卸载期内,应力与伸长量之间都保持单值线性关系;变形量比较小,一般不超过标距长度0.5%～1%。

1.2.2　强度

强度是指金属材料在静载荷作用下,抵抗塑性变形或断裂破坏的能力。常用强度性能指标有屈服强度和拉伸强度,使用中一般以拉伸强度作为最基本的判别强度指标。

1. 屈服强度

屈服强度是指金属材料呈现屈服现象时,材料产生塑性变形而力不断增加的应力点称为屈服强度,可分为上屈服强度 R_{eH} 和下屈服强度 R_{eL}。在金属材料中,一般用下屈服强度来代表屈服强度。

$$R_{eL} = \frac{F_{eL}}{S_0}$$

式中　R_{eL}——试样的下屈服强度,MPa;

　　　F_{eL}——试样屈服时的最小载荷,N;

　　　S_0——试样原始横截面积,mm^2。

对于屈服现象不明显的脆性金属材料,测定 R_{eL} 非常困难,通常规定当试样产生 0.2% 残余伸长时的应力作为条件(名义)屈服强度,用残余应力 $R_{p0.2}$ 表示。如脆性材料铸铁的力—伸长曲线如图 1-11 所示。

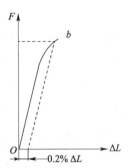

$$R_{p0.2} = \frac{F_{0.2}}{S_0}$$

式中　$R_{p0.2}$——条件(名义)屈服强度,MPa;

　　　$F_{0.2}$——试样残余伸长达到 0.2% 时的载荷,N;

　　　S_0——试样原始横截面积,mm^2。

图 1-11　铸铁的力—伸长曲线

2. 拉伸强度

拉伸强度是指试样在拉断前所承受的最大应力称为拉伸强度,用 R_m 来表示。

$$R_m = \frac{F_m}{S_0}$$

式中　R_m——试样的拉伸强度,MPa;

　　　F_m——试样拉断前所承受的最大载荷,N;

　　　S_0——试样原始横截面积,mm^2。

 拓展延伸

　　材料的屈服点或屈服强度越高,允许的工作应力也越高,当工作应力超过屈服点时,则会引起过量的塑性变形而失效。拉伸强度是表示静拉力作用下的最大承载能力,零件在工作中所承受的应力,不应超过拉伸强度,否则会导致断裂。屈服强度与拉伸强度都是机械零件设计选材的主要依据。

1.2.3　塑性

塑性是指金属材料在拉伸断裂前产生塑性变形的能力。

1. 断后伸长率

断后伸长率是指试样断后,标距的伸长量与原始长度的百分率。

$$A = \frac{L_u - L_0}{L_0} \times 100\%$$

式中　A——断后伸长率%(若改用 $K = 11.3$ 的试样测试时,用 $A_{11.3}$ 表示);

　　　L_u——试样拉断后对接的标距长度,mm;

L_0——试样原始标距长度，mm。

2. 断面收缩率

断面收缩率是指试样断后，颈缩处横截面积的缩减量与原始横截面积的百分率。

$$Z=\frac{(S_0-S_u)}{S_0}\times100\%$$

式中　Z——断面收缩率，%；

　　　S_u——试样拉断后颈缩处的横截面积，mm^2；

　　　S_0——试样断前原始横截面积，mm^2。

断后伸长率与断面收缩率是金属材料的两个重要塑性指标，它反映了金属材料塑性变形的能力大小。两者值越大，材料塑性越好，反之越差。塑性好的材料，在受力过大时首先产生塑性变形而不致于突然断裂。因此，大多数机械零件除了要求具有足够的强度外，还应具有一定的塑性。

1.2.4　硬度

硬度是指金属材料抵抗局部变形，特别是塑性变形、压痕或划痕的能力。它是衡量金属材料软硬程度的指标。硬度越高，材料的耐磨性越好，如机械零件齿轮、汽车曲轴模具、刀具等都应具有一定的硬度，以保证足够的耐磨性和使用寿命，否则极易因磨损而失效。因此，硬度是金属材料的一项重要力学性能。

目前，生产中测定硬度方法最常用的是压入硬度法，它是用一定几何形状的压头在一定载荷下压入被测试的金属材料表面，根据被压入程度来测定其硬度值。常用的硬度试验方法有布氏硬度试验法、洛氏硬度试验法和维氏硬度试验法三种形式。

1. 布氏硬度

(1)布氏硬度的测试原理：使用一定的试验力 F 把直径为 D 的硬质合金球压入被测试件表面，并保持一定时间后卸载，测量硬质合金球在试样表面上所压出的压痕直径 d，从而计算出压痕球面积 S。然后，再计算出单位面积所受的力（F/S 值），用此数字表示试件的硬度值，用符号 HBW 表示，试验原理如图 1-12 所示，布氏硬度计算公式如下：

$$\text{HBW}=\frac{F}{S}=0.102\frac{2F}{\pi D(D-\sqrt{D^2-d^2})}$$

式中　F——试验力，N；

　　　D——压头球体直径，mm；

　　　S——压痕面积，mm^2；

　　　d——压痕平均直径，mm。

常数 0.102 为 N（牛顿）与 kgf（千克力）的转换系数，即 1 kgf＝0.102 N。

一般布氏硬度不用计算，而是用专用刻度读数放大镜量出压痕直径 d，再通过查布氏硬度值表，即可得到相应布氏硬度值，布氏硬度计如图 1-13 所示。

(2)表示方法：一般布氏硬度值不标单位，只标明硬度的数值。即"硬度值＋布氏硬度符号 HBW＋压头球体直径＋试验力＋试验力保持时间（10～15 s 不标出）"。

例如：255HBW10/1000/30 表示用直径 10 mm 的压头，在 1 000 kgf（9 807 N）试验力作用下，保持 30 s 时间测得的布氏硬度值是 255；再如 550HBW5/750 表示用直径 5 mm 的压头，在 750 kgf

(7 355 N)试验力作用下,保持 10～15 s 时间测得的布氏硬度值是 550,布氏硬度与压痕直径对照表如表附录 A 所示。

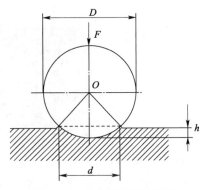

图 1-12　布氏硬度试验原理

图 1-13　布氏硬度计

　　(3)布氏硬度的应用:主要用于测定铸铁,有色金属,退火、正火、调质处理的各种软钢及各种硬度较软的材料。由于其压痕较大,因此不适合在成品上测试,只适合在半成品或毛坯上测试。

　　2. 洛氏硬度

　　(1)洛氏硬度测试原理:洛式硬度是以压痕塑性变形深度来确定硬度值指标,以 0.002 mm 作为一个硬度单位,它是用一个顶角为 120° 的金刚石圆锥体或直径为 1.588 mm 的硬质合金球或淬火钢球,在一定载荷下压入被测材料表面,由压痕的深度求出材料的硬度。

　　在对压头先后施加两个载荷(预载荷和总载荷)的作用下压入金属表面(见图 1-14),总载荷 F 为预载荷 F_0 与主载荷 F_1 之和。0-0 位置为压头不受力位置,当施加预载荷 F_0 作用时,压头所处位置为 1-1 位置;当施加主要载荷 F_1 之后,压头所处的位置为 2-2 位置;当卸除主载荷 F_1 时,由于弹性变形恢复,所以压头回升到 3-3 位置。图 1-14 中 h 表示材料的残余深度,该值用来表示被测材料硬度的高低。洛氏硬度计如图 1-15 所示。

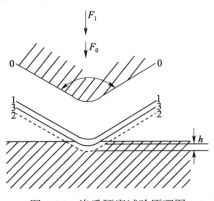

图 1-14　洛氏硬度试验原理图

图 1-15　洛氏硬度计

在实际应用中,为了使硬材料测出的硬度值比软材料的硬度值高,并符合一般的习惯,将被测材料的硬度值用公式表示如下:

$$HR = N - \frac{h}{0.002}$$

式中　N ——给定洛氏硬度标尺的硬度数。若标尺是 A、C,取值为 100;若标尺是 B,取值为 130;

　　　　h ——表示压头压入被测材料的压痕深度,mm。

洛氏硬度 HR 值无单位,实际测量时,可直接在硬度计表盘上读出,表盘上有红、黑两种刻度,红线刻度的 30 和黑线刻度的 0 相重合,洛氏硬度计表盘如图 1-16 所示。

(2)表示方法:洛氏硬度可分为 HRA、HRB、HRC 三种,如 45HRC,它表示用金刚石压头及载荷 150 kg 总负荷作用下,测得

图 1-16　洛氏硬度计表盘

硬度值为 45 个洛氏单位。一般生产中 HRC 用得最多,压痕较小,可测淬火材料和硬材料及成品件的硬度。三种洛氏硬度标尺的试验条件和应用范围见表 1-2。

表 1-2　常见三种洛氏硬度标尺及应用

硬度标尺	压头类型	总试验力/N	硬度值有效范围	应　　用
HRC	120°金刚石圆锥体	1 471.0	20～67 HRC	一般淬火钢件、模具钢、工具钢、量具钢等
HRB	ϕ1.588 mm 硬质合金球	980.7	25～100 HRB	退火钢、有色金属及合金、软钢等
HRA	120°金刚石圆锥体	588.4	60～85 HRA	表面淬火钢、硬质合金渗碳层、氮化层、电镀层等

3. 维氏硬度

(1)测试原理:维氏硬度试验原理与布氏硬度试验原理相同。不同之处在于,维氏硬度采用的压头为对面夹角 136°的金刚石正四棱锥体(见图 1-17),试验力调整为 5～100 kgf,则被测材料的硬度值公式如下:

$$HV = \frac{F}{S} = 0.189\ 1\frac{F}{d^2}$$

式中　F ——试验力,N;

　　　　S ——压痕面积,mm²;

　　　　d ——压痕对角线平均值,mm。

将测定后的 F 和 d 代入上式,便可计算出硬度值,一般维氏硬度不用计算,而是由 d 的平均值,通过查维氏硬度值表,即可得到相应维氏硬度值,维氏硬度计如图 1-18 所示。

(2)表示方法:维氏硬度试验由于试验力较小,而且调整的范围宽,则可测定从极硬到极软的材料。检测范围 5～1 000 HV,标注方法及含义与布氏硬度相同。

458HV30/20:表示用 30 kgf(294.2 N)试验力保持 20 s 时间测得维氏硬度值为 458。

640HV30:表示用 30 kgf(294.2 N)试验力保持 10～15 s 时间测得硬度值为 640。

(3)维氏硬度的应用:主要用于测定薄板材、金属表层,如各种渗碳、渗铬、氮化层等。

黑色金属(钢材)硬度及强度换算表见附录 B。

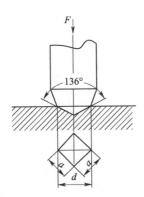

图 1-17　维氏硬度试验原理图

图 1-18　维氏硬度计

1.2.5　冲击韧性

　　冲击韧性是指金属材料在抵抗冲击载荷作用而不被破坏的能力。材料的冲击韧性用一次摆锤冲击试验来测定,如冲床曲轴杆、内燃机连杆、气锤等一些机件在工作中承受的主要是冲击力。

　　测试时在很短的时间内(作用时间小于受力机构的基波自动周期的一半)以很大的速度作用在构件上的载荷称为冲击载荷。工程上常用一次摆锤冲击弯曲试验来测定材料抵抗冲击载荷的能力,即测定冲击载荷试样被折断而消耗的冲击功,其大小直接表示材料的韧性好坏,测试冲击韧性所用的试验机如图 1-19 所示。

　　测试原理:由于对零件瞬时冲击的作用引起的应力和变形要比受到静载荷作用时大得多,因此对这些零件选材时,必须考虑所选材料抵抗冲击载荷作用的能力,即考虑材料的冲击韧性。金属材料的冲击韧性是采用一次性冲击试验的方法来确定的。一次性冲击试验原理示意如图 1-20 所示,将带 U 型缺口的试样放在试验机的样品座上,试验时摆锤从固定高度自由下摆冲击样品。脆性的材料可能被摆锤冲断;韧性好的材料可能被冲弯折或局部断裂。材料的韧性越高,冲击过程中吸收的能量越大,摆锤冲击试样后继续摆动的高度就越低。冲击韧性(能)的大小用焦耳(J)来表示。被测材料的冲击韧性度表示如下:

$$K = A_k/A = G(H-h)/A$$

式中　　K ——冲击韧性值,J/cm^2;

　　　　A_k ——冲击功,J;

　　　　A ——试样缺口处的截面积,cm^2。

　　一般把 K 值低的材料称为脆性材料,K 值高的称为韧性材料,它取决于材料及其状态,同时与试样的形状、尺寸有很大关系。如果材料内部有结构缺陷、显微组织的变化也很敏感,如夹杂物、偏析、气泡、内部裂纹、钢中硫磷含量、晶粒粗化等都会使其值明显降低,材料表现出高脆性。另外,它也会随着温度的降低而减小,且在某一温度范围内,发生急剧降低,这种现象称为冷脆。

因此冲击韧度指标的实际意义在于揭示材料的变脆倾向。

图 1-19　冲击试验机

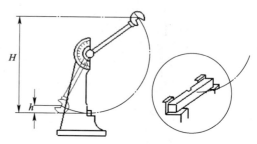

图 1-20　冲击试验原理示意图

 拓展延伸

　　英国皇家邮轮"泰坦尼克号"号称"不会沉没的"船，在撞上冰山后三小时就沉没了，八十年后科学家取自海底的泰坦尼克号船用钢板做试验，回答了这个近百年的未解之谜。由于早年采用了含硫高的钢板，韧性很差，呈低温脆性，这是导致沉船的决定因素。所以，近代至现代的船用钢板都采用低硫、磷的优质板材，以提高其低温脆性。

1.2.6　疲劳强度

　　金属材料在极限强度以下，长期承受交变负荷（即大小、方向反复变化的载荷）的作用，在不发生显著塑性变形的情况下而突然断裂的现象，称为疲劳断裂。为了防止机械零件的疲劳断裂，在成批生产之前，对重要零件，如汽车上的各种连杆、板弹簧、齿轮等，应做疲劳试验，从而保证使用上的可靠性。

　　如图 1-21 所示的疲劳曲线，表明当金属材料承受较大应力 R_1 时应力循环次数较少为 N_1 次；当应力循环次数增加为 N_5 时材料承受较小应力 R_5，说明当应力降到一定值时，曲线为一条水平线，即循环次数可以是无限的。所谓疲劳强度是指金属材料在重复或交变应力作用下，经过周次 N 后断裂时所能承受的最大应力，称为疲劳强度或疲劳极限，用 R_{-1} 表示。

　　实际金属材料进行无限次交变载荷试验是办不到的，规定对于黑色金属来说，当载荷次数达到 $10^6 \sim 10^7$ 次，对于有色金属来说，载荷次数达到 $10^7 \sim 10^8$ 次，即认为循环次数达到了无限次，此时对应的循环应力即认为疲劳强度。疲劳的实质，是由于金属材料的表面粗糙或内部夹杂等缺陷起到疲劳裂纹源的作用，因此对零件尤其是弹簧钢板类的表面进行喷丸强化处理以提高疲劳强度。图 1-22 所示为一根连杆螺栓，对其力学性能要求的描述如下：

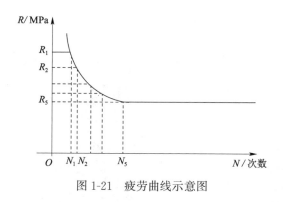

图 1-21　疲劳曲线示意图

图 1-22　连杆螺栓

(1)抗拉强度 $R_m \geqslant 530$ MPa；(2)屈服强度 $R_{eL} \geqslant 380$ MPa；(3)断后伸长率 $A \geqslant 12\%$；(4)断面收缩率 $Z \geqslant 45\%$；(5)冲击韧性 $K \geqslant 78.2$ J/cm²；(6)硬度 35～40 HRC。

　拓展延伸

　　喷丸强化处理：分为一般喷丸和应力喷丸。一般喷丸处理时，即钢板在自由状态下，用高速钢丸打击钢板表层，使其表面产生预压应力，以减少工作中钢板表面的拉应力，使其疲劳强度增加；应力喷丸处理是将钢板在一定作用力下的预先弯曲，然后再进行喷丸处理。

1.3　金属材料的工艺性能

　　金属材料的工艺性能是指在加工过程中对不同加工方法的适应能力，包括铸造性能、可锻性能、焊接性能、切削加工性能及热处理性能等。工艺性能直接影响到加工的难易程度、加工质量、生产效率及加工成本等，所以工艺性能是选材和制订零件工艺路线必须考虑的因素。

　　1. 铸造性能

　　指金属材料能用铸造的方法获得合格铸件的性能。铸造性主要包括流动性、收缩性和偏析。流动性是指液态金属充满铸模的能力；收缩性是指铸件凝固时，体积收缩的程度；偏析是指金属在冷却凝固过程中，因结晶先后差异而造成金属内部化学成分和组织的不均匀性。图 1-23 所示为铸造铁水浇注。

　　2. 可锻性能

　　指金属材料在压力加工时，能改变形状而不产生裂纹的性能。它包括在热态或冷态下在锻压机上能够进行锤锻、轧制、拉伸、挤压等加工，锻压机的外形结构如图 1-24 所示。

　　3. 焊接性能

　　指金属材料对焊接加工的适应性能，主要指在一定的焊接工艺条件下，获得优质焊接接头的难易程度。使用性能，指焊接接头对使用要求的适应性，如对强度、塑性、耐腐蚀性的敏感程度。工艺性能，指焊接时对产生裂纹等缺陷的敏感程度。可焊性好的金属能获得没有裂缝、气孔等缺陷的焊缝。

　　目前，随着电子技术、计算机技术、数控及机器人技术的发展，自动焊接机器人技术已日益成熟，对于稳定和提高焊接质量有重要意义，且能将焊接质量以数值的形式反映出来，改善工人劳动强度,可在有害环境下工作,降低了对工人操作技术的要求,因此在各行各业已得到了广泛的应用,焊接机器人如图 1-25 所示。

图 1-23　铸造铁水浇注

图 1-24　锻压机

4. 切削加工性能

指金属材料被刀具切削加工后而成为合格工件的难易程度。切削加工性好坏常用加工后工件的表面粗糙度,允许的切削速度以及刀具的磨损程度来衡量。它与金属材料的化学成分、力学性能、导热性及加工硬化程度等诸多因素有关。通常以硬度和韧性作切削加工性好坏的大致判断。一般来说,金属材料的硬度越高越难切削,硬度虽不高,但韧性大,切削也较困难。

金属切削加工主要包括车削、铣削、钻削、刨削、磨削等,随着近几十年数控技术的发展,数控设备得到了广泛的普及,数控设备采用的都是机夹刀具,这不仅使工件尺寸精度、表面粗糙度得到提高,而且由于刀具精度、质量、耐用度的提高也相应降低了对零件加工的难度,从而提高了制造能力和制造水平,数控铣削零件如图 1-26 所示。

图 1-25　焊接机器人

图 1-26　数控铣削零件

5. 热处理性能

钢是采用热处理最为广泛的金属材料,通过热处理不仅是改善切削加工性能的重要途径,也是改善力学性能的重要途径，主要包括淬透性、淬硬性、过热敏感性、变形开裂倾向、回火脆性倾向、氧化脱碳倾向等。

小　结

金属材料的性能如下表：

金属材料的物理性能		1. 密度；2. 熔点；3. 导电性；4. 导热性；5. 磁性；6. 热膨胀性；等等
金属材料的化学性能		1. 耐腐蚀性；2. 抗氧化性
金属材料的工艺性能		1. 铸造性能；2. 可锻性能；3. 焊接性能；4. 切削加工性能；5. 热处理性能
金属材料的力学性能	强度	指金属材料在静载荷作用下，抵抗塑性变形或断裂破坏的能力。常用强度性能指标有屈服强度和拉伸强度
	塑性	指金属材料在拉伸断裂前产生塑性变形的能力称为塑性，包括：1. 断后伸长率 A％金属材料在拉伸时，试样拉断后，其标距分部所增加的长度与原标距长度的百分率。2. 断面收缩率 Z％金属试样拉断后，其缩颈处横截面积的最大缩减量与原横截面积的百分率
	硬度	指金属抵抗更硬物体压入其表面的能力。硬度不是一个单纯的物理量，而是反映弹性、强度、塑性等的一个综合性能指标包括： 1. 布氏硬度 HBW；2. 洛氏硬度 HRA、HRB、HRC；3. 维氏硬度 HV
	韧性	评定金属材料在动载荷下抵抗变形和断裂的能力，通常都是以大能量的一次冲击值（K）作为标准的，它是采用一定尺寸和形冲击韧度状的标准试样，在摆锤式一次冲击试验机上来进行试验
	疲劳强度	金属材料在重复或交变应力作用下，经过周次（N）后断裂时所能承受的最大应力，称为疲劳强度

复习题

一、名词解释

强度、硬度、塑性、冲击韧性、疲劳强度。

二、选择题

1. 表示金属材料屈服强度的符号是（　　　）。

　A. R_m　　　　　　　　B. R_{eL}　　　　　　　　C. K　　　　　　　　D. R_{-1}

2. 表示金属材料疲劳极限的符号是（　　　）。

　A. R_m　　　　　　　　B. R_{eL}　　　　　　　　C. K　　　　　　　　D. R_{-1}

3. 在测量镀洛层硬度时，常用的硬度测试方法的表示符号是（　　　）。

　A. HBW　　　　　　　B. HRC　　　　　　　C. HV　　　　　　　D. HRB

4. 用拉伸实验可以测定材料的（　　　）性能指标。

　A. 强度　　　　　　　B. 硬度　　　　　　　C. 韧性

三、填空题

1. 金属材料的塑性指标主要有（　　　　）和（　　　　）两种。

2. 大小不变或变化很慢的载荷称为（　　　　）载荷,在短时间内以较高速度作用于零件上的载荷,大小和方向随时间发生周期性变化的载荷称为（　　　　）载荷。

3. 强度是指金属材料在（　　　　）载荷作用下,抵抗（　　　　）或（　　　　）的能力。

4. 金属材料在（　　　　）以下,长期承受（　　　　）的作用,在不发生显著塑性变形的情况下（　　　　）的现象,称为疲劳。

5. 布氏硬度主要用于（　　　　）及（　　　　）检验,也可用于（　　　　）、（　　　　）钢的硬度性能检验。

四、判断题

1. 塑性变形能随载荷的去除而消失。 （　　）

2. 所有金属材料在拉伸试验时都会出现显著的屈服现象。 （　　）

3. 布氏硬度测量法宜测量成品件。 （　　）

4. 铸铁的铸造性能比钢好,故常用来铸造形状复杂的零件。 （　　）

5. 材料的屈服强度越低,则允许的工作应力越高。 （　　）

五、简答题

1. 简述金属的力学性能。

2. 简答塑性对材料的使用有什么实际意义？

3. 简述铸造性能与锻造性能。

4. 简述伸长率与断面收缩率。

5. 画出低碳钢"力—伸长"曲线图,并简答拉伸变形的几个阶段。

6. 什么是工艺性能？工艺性能包括哪些内容？

第 2 章
金属材料的结构与结晶

学习目标

- 明确金属的晶体结构、纯金属的结晶及同素异构转变过程。
- 掌握二元合金的组织结构。
- 会分析铁碳合金相图的化学成分、组织性能的关系。

2.1 纯金属的结构与结晶

2.1.1 相关基础知识

1. 晶体与非晶体

自然界中的一切物质都是由原子组成的,固态物质按其原子的集聚状态可分为晶体与非晶体两大类。原子杂乱无章地堆积在一起的物质称为非晶体,如玻璃、石蜡、松香、沥青等,石蜡如图 2-1 所示,松香如图 2-2 所示。原子按一定次序有规律排列的物质称为晶体,如所有金属与合金、冰、结晶盐、水晶、天然金刚石、石墨等,水晶如图 2-3 所示。

图 2-1 石蜡

图 2-2 松香

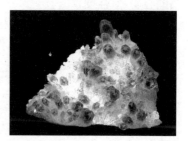

图 2-3 水晶

晶体与非晶体的区别在于其原子内部的排列是否有规律,这决定了两者在物理性质方面存在许多不同。首先晶体有固定的熔点(或凝固点),如纯铁的熔点为 1 538 ℃。而非晶体由于原子排列不规则,吸收热量不需要破坏晶体的空间结构,加热只是提高原子运动的剧烈程度,因此当从外界吸收热量时,便会由硬变软直到熔化为液体,没有固定的熔点。

晶体和非晶体之间在一定条件下是可以互相转化的,如非晶态玻璃在高温下长时间加热退火能够转变成晶态玻璃。

2. 晶格与晶胞

为了便于分析理解晶体内部原子的排列规律,通常将金属中的原子近似看成是刚性小球,则金属晶体就是由这些小球有规律地堆积而成的物体,如图 2-4 所示。

为了形象地表示晶体中原子排列规律,可将原子简化成一个点,用假想的线将这些点用线连接起来,构成有明显规律性的空间格架。这种表示原子在晶体中排列规律的空间格架称为晶格,如图 2-5 所示。晶格是由许多形状、大小相同的最小几何单元重复堆积而成的,根据晶格中原子有规律且具有周期性的特点,将能够完整反映晶格特征的最小几何单元称为晶胞,如图 2-6 所示。

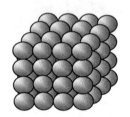 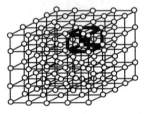

图 2-4　晶体内部原子排列示意图　　　图 2-5　晶格示意图　　　图 2-6　晶胞示意图

3. 金属晶格的常见类型

在各种金属元素中,除了少数金属元素具有复杂晶格外,其他绝大多数金属均具有简单的晶体结构,最典型的为以下三种晶格类型。

(1)体心立方晶格:它的晶胞是一个立方体,在立方体的每个顶点和中心各有一个原子(共 9 个原子),如图 2-7(a)所示。具有体心立方晶格的金属包括 α-Fe(912 ℃以下纯铁)、W(钨)、Mo(钼)、Cr(铬)、V(钒)等。

(2)面心立方晶格:它的晶胞是一个立方体,在立方体的每个顶点和六个面的中心各有一个原子(共 14 个原子),如图 2-7(b)所示。具有面心立方晶格的金属包括 γ-Fe(1 394 ℃～912 ℃的铁)、Cu(铜)、Al(铝)、Ni(镍)、Pb(铅)、Au(金)、Ag(银)等,这些金属的塑性要优于具有体心立方晶格的金属,但强度较低。

(3)密排六方晶格:它的晶胞是一个正六棱柱体,原子位于柱体的每个顶点和上、下底面中心及在柱体中间还各有三个原子(共 17 个原子),如图 2-7(c)所示。密排六方晶格的金属包括 Mg(镁)、Zn(锌)、Be(铍)、Cd(镉)等,属于此类的金属一般都比较脆,强度和塑性也比较差。

 拓展延伸

同一种金属材料,在不同的条件下,其力学性能不同。这个差异从本质来讲就是由内部组织的金属晶体结构所决定的。

根据构成金属晶格的原子堆积方法不同其密度有差异,体心立方晶格的金属密度低;面心立方晶格的密度高。

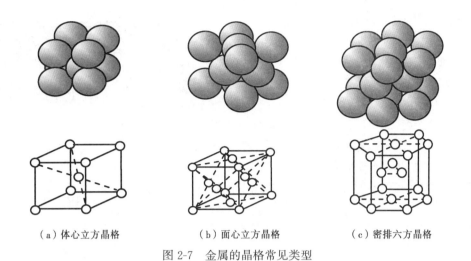

（a）体心立方晶格　　　　　（b）面心立方晶格　　　　　（c）密排六方晶格

图 2-7　金属的晶格常见类型

2.1.2　纯金属的结晶

金属材料的获得要经过熔炼和铸造，如机械零件的钢材，都要经过冶炼、铸锭、轧制、锻造、机械加工及热处理等工艺过程，即经历由高温液态冷却凝固为固态的过程，因此结晶就是金属从高温液体冷却凝固为原子有序排列的固体状态的过程。

1. 纯金属的结晶过程

金属的结晶必须在低于其理论结晶温度（熔点）条件下才能进行，理论结晶温度与实际结晶温度之差称为过冷度，金属结晶时，过冷度大小与冷却速度有关。冷却速度越快，实际结晶温度就越低，过冷度就越大。

结晶过程如图 2-8 所示，液体中首先形成一些微小而稳定的小结晶形核，然后随着时间的推移，由形核生长为晶核，然后每个晶核晶轴在空间沿着位向随机生长成为枝晶，与此同时，新的晶核又在液体中不断形成。于是，液态金属便在晶核的不断形成与不断长大过程中被固态金属所取代而逐渐减少。最终，当位向不同的各晶体彼此完全接触时，液态金属耗尽，结晶过程结束。所以，纯金属的结晶过程是由晶核形成与晶核长大两个过程组成。

（a）金属液　　　（b）形核　　　（c）形核与晶核长大　　　（d）晶核长大　　　（e）结晶结束

图 2-8　纯金属结晶过程示意图

结晶成固态的纯金属是由许多大小、外形、位向均不相同的小晶体（晶粒）所组成的多晶体，晶粒之间的交界面即为晶界。实际金属结晶时，如果纯度很高，过冷度很小，结晶时又能不断得到体积收缩所需液体的补充，那么结晶后就看不到树枝晶生长的痕迹。其中，每一个由晶界围成的外形不规则呈颗粒状的小晶块为一个晶粒，晶粒与晶粒之间的界面称为晶界。图 2-9 所示为工业纯铁的显微组织（多晶体显微组织）。

2. 金属材料结晶后对晶粒大小的控制

金属的晶粒越细小,其强度、硬度越高,塑性、韧性越好。因此,控制材料的晶粒大小具有重要意义。在生产中,为了获得细小的晶粒组织,常采用以下三种方法。

图 2-9 工业纯铁的显微组织

(1)增加过冷度:加快液态金属的冷却速度,对于中、小型铸件可采用降低浇注温度,或采用导热性好的金属型,另外也可以局部加装冷铁以及采用水冷铸型等。但对于大型铸件不明显,则应采取其他细化晶粒方法。

(2)变质处理:所谓变质处理就是在浇注前向金属液体中加入一些细小的形核剂(孕育剂或变质剂,如钢液中加入钛、锆、铝等,铸铁液中加入硅铁、硅钙等),使它在金属液中形成大量分散的人工制造的非自发晶核,从而获得细小的铸造晶粒,达到提高材料性能的目的。变质处理是工业生产中广泛使用的方法。

(3)机械振动:采用超声波振动和电磁振动等,可使生长中的枝晶破碎,使晶核数目增多,从而达到细化晶粒的目的。

3. 金属实际的晶体结构

实际使用的金属大都是多晶体结构,由于加入了其他种类的溶入原子,在凝固过程中受到各种因素的影响,总是不可避免地存在不规则的原子排列的区域,呈现出不完整,通常把这种区域称为晶体缺陷。根据晶体缺陷的几何特征,可分为点缺陷、线缺陷和面缺陷三类。

(1)点缺陷:晶体缺陷呈点状分布,最常见的点缺陷有晶格空位、间隙原子等,如图 2-10 所示。由于点缺陷的出现,使周围原子发生"撑开"或"靠拢"现象,称为晶格畸变。晶格畸变的存在,使金属产生内应力,晶体性能便发生变化,如强度、硬度增加,它也是强化金属的手段之一。

(2)线缺陷:晶体缺陷呈线状分布,线缺陷主要是指位错。最常见的位错是刃型位错,如图 2-11 所示。这种位错的表现形式是晶体的某一晶面上,多出一个半原子面,它如同刀刃一样插入晶体,故称为刃型位错,在位错线附近一定范围内,晶格发生了畸变。

(3)面缺陷:晶体缺陷呈面状分布,一般指的是晶界和亚晶界,如图 2-12 所示。实际金属材料是多晶体的结构,多晶体中两个相邻晶粒之间晶格位向是不同的,所以晶界处是不同位向晶粒原子排列无规则的过渡层。

 拓展延伸

晶界处的原子处于不稳定状态,能量较高。因此,晶界与晶粒内部有着一系列不同特征,如常温下晶界有较高的强度和硬度;晶界处原子扩散速度较快,晶界处容易被腐蚀、熔点低等。

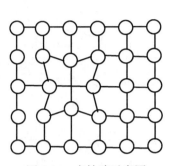 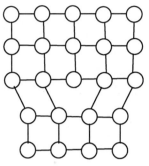 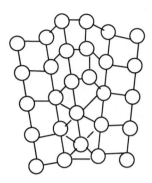

图 2-10 点缺陷示意图　　　图 2-11 刃型位错线缺陷　　　图 2-12 晶界示意图

2.1.3 金属的同素异构转变

大多数金属在结晶后,晶体结构不再发生变化。但有些金属在固态下,存在着两种以上的晶格形式,这类金属在冷却或加热过程中,随着温度的变化,其晶格形式也要发生变化。

金属在固态下,随温度的改变由一种晶格转变为另一种晶格的现象称为同素异构转变。具有同素异构转变的金属有铁、钴、钛、锡、锰等。以不同晶格形式存在的同一金属元素的晶体称为该金属的同素异晶体。同一金属的同素异晶体按其稳定存在的温度,由低温到高温依次用希腊字母 α、β、γ、δ 等表示。

图 2-13 所示为纯铁的冷却曲线,液态纯铁在 1 538 ℃进行结晶,得到具有体心立方晶格的 δ-Fe,继续冷却到 1 394 ℃时发生同素异构转变,转变为面心立方晶格的 γ-Fe,再冷却到 912 ℃时又发生同素异构转变,γ-Fe 转变为体心立方晶格的 α-SFe,如再继续冷却到室温,晶格的类型不再发生变化。这些转变可以用下式表示:

$$\delta\text{-Fe} \xleftrightarrow{\quad 1\ 394\ ℃ \quad} \gamma\text{-Fe} \xleftrightarrow{\quad 912\ ℃ \quad} \alpha\text{-Fe}$$

（体心立方晶格）　　　　（面心立方晶格）　　　　（体心立方晶格）

金属的同素异构转变与液态金属的结晶过程有许多相似之处:有一定的转变温度,转变时有过冷现象;放出和吸收潜热;转变过程也是一个形核和晶核长大的过程,如图 2-14 所示。同素异构转变属于固态相变,又具有本身的特点。

在发生同素异构转变时,新晶格的晶核优先在原来晶粒的晶界处形核;转变需要较大的过冷度;晶格的变化伴随着金属体积的变化,转变时会产生较大的内应力。例如 γ-Fe 转变为 α-Fe 时,铁的体积会膨胀约 1％,这是钢热处理时引起应力,导致工件变形和开裂的重要原因。

金属同素属异构转变可使金属在不改变零件尺寸、形状的前提下,进行晶粒固态重组,使其内部组织结构和性能发生变化,从而可获得所需性能。另外,纯铁在 770 ℃时为磁性转变点,在低于该温度时为铁磁材料,当加热高于此温度时将变成无磁材料,这个现象是由著名物理学家居里在 19 世纪末发现的,因此也称居里点。

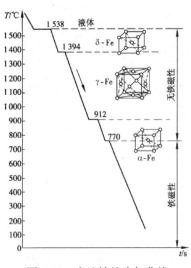

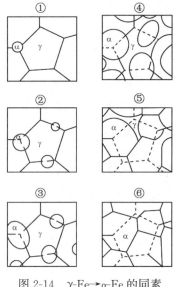

图 2-13　为纯铁的冷却曲线

图 2-14　γ-Fe→α-Fe 的同素
异构转变过程示意图

 拓展延伸

　　1912 年,英国探险家斯科特率队去南极探险,一去便杳无音信,后来发现他们都冻死在南极了,原来他们在返回的路上发现,储藏库里的柴油已经不翼而飞,盛柴油的铁筒缝是用锡焊的,缝开了漏掉柴油,没有燃料无法返回。那么用锡焊的铁筒为何会有裂缝呢? 经过分析,科学家们终于发现了奥妙所在,锡有三种同素异晶体,白锡、脆锡和灰锡,白锡在气温降到—13.2 ℃以下时,体积骤然膨胀,原子之间的空间加大,于是变成了另一种结晶形态的灰锡。若再急剧下降到—33 ℃时,晶体锡会产生"锡瘟"变成粉末锡。

2.2　二元合金的结构与结晶

2.2.1　相关基础知识

　　纯金属虽然具有优良的导电、导热等性能,但它的力学性能较差,并且价格贵,因此在使用上受到很大限制。机械制造领域中广泛使用的金属材料是合金,尤其是铁碳合金。

　　1. 合金的基本概念

　　(1)合金:由两种或两种以上的金属元素与金属或与非金属元素组成的,具有金属特性的物质称为合金。

　　(2)组元:组成合金的最基本的独立物质称为组元。组元一般是指组成合金的元素,也可以是稳定的化合物。

　　(3)合金系:由两个或两个以上组元按不同比例配制成一系列不同成分的合金,称为合金系。

　　(4)相:在合金中成分、结构和性能相同的组成部分称为相。相与相之间有明显的界面。由一个相组成的合金称为单相合金;由两个或两个以上相组成的合金称为多相合金。

（5）组织：用肉眼或借助显微镜观察到材料具有独特微观形貌特征的部分称为组织。组织反映了材料的相组成、形态、大小和分布状况，它决定着材料的最终性能。

2. 合金的组织

多数合金组元液态时都能互相溶解，形成均匀液溶体。固态时由于各组分之间相互作用不同，形成不同的组织。合金的组织分为固溶体、金属化合物和机械混合物三类。

（1）固溶体：合金由液态结晶为固态时，一种组元的晶格中溶入另一种或多种其他组元而形成的均匀相称为固溶体。保留晶格的组元称为溶剂，溶入晶格的组元称为溶质。

根据溶质原子在溶剂中所占位置的不同，固溶体可分为间隙固溶体和置换固溶体。

① 间隙固溶体：溶质原子溶入溶剂晶格之中而形成的固溶体，称为间隙固溶体，如图 2-15（a）所示。溶质原子溶于固溶体中的量称为固溶体的溶解度，用质量百分数来表示。

② 置换固溶体：溶剂结点上的部分原子被溶质原子所替代而形成的固溶体，称为置换固溶体，如图 2-15（b）所示。由于其他溶质原子的溶入，会引起固溶体晶格发生畸变。晶格畸变使合金变形阻力增大，从而提高了合金的强度和硬度，这种现象称为固溶强化。它是提高材料力学性能的重要途径。

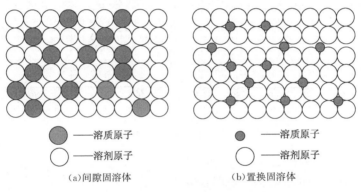

（a）间隙固溶体   （b）置换固溶体

图 2-15   固溶体结构示意图

（2）金属化合物：合金组元间发生相互作用而形成一种具有金属特性的物质称为金属化合物，它的晶格类型和性能完全不同于任一组元，一般可用化学分子式表示，如 Fe_3C。金属化合物具有熔点高、硬度高、脆性大的特点，在合金中主要作为强化相，可以提高材料的强度、硬度和耐磨性，但塑性和韧性有所降低。

（3）机械混合物：由两种或两种以上的相按一定质量百分数组合成的物质称为机械混合物。混合物中各组成相仍保持自己的晶格，彼此无交互作用，其性能主要取决于各组成相的性能以及相的分布状态。

2.2.2   二元合金相图的建立、分析与结晶

1. 二元合金相图的建立

合金相图是在平衡条件（极缓慢加热与冷却）下，合金的组成相和温度、成分之间关系的简明图解，是进行金相分析和制订铸造、锻压、焊接、热处理等热加工工艺的依据。

相图大多数是通过热分析实验法建立的，即配制若干组不同成分的二元合金，测出各组成分二元合金的开始结晶温度与终了结晶温度，并按其成分不同分别标注在成分–温度坐标图中，连接

"开始结晶温度坐标点"和"终了结晶温度坐标点"所得到的曲线相图。

2. 典型二元合金相图的分析与结晶

两组元在液态和固态下均能无限互溶所构成的相图称为二元匀晶相图。属于该类相图合金有 Cu-Ni、Fe-Cr、Au-Ag 等。下面以 Cu-Ni 合金为例,对二元合金结晶过程进行分析。

(1)相图分析:图 2-16 所示为 Cu-Ni 合金相图,纵坐标表示温度,横坐标从左到右表示合金的成分的变化,即横坐标上任意一点都代表一定成分的二元合金。图中 A 点、B 点分别是纯铜和纯镍的熔点,AaB 线是合金开始结晶的温度线,称为液相线;AbB 线是合金结晶终了的温度线,称为固相线。液相线以上为单一液相区,以"L"表示;固相线以下是单一固相区,以"α"表示固溶体;液相线与固相线之间为液相和固相两相共存区,以"L+α"表示。

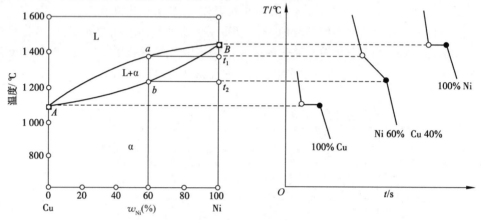

图 2-16　Cu-Ni 二元合金相图的绘制

(2)典型二元合金的结晶过程:

以含 Ni 60% Cu 40%的合金为例说明合金的结晶过程。由图 2-17 可见,当合金以极缓慢速度冷至 t_1 时,开始从液相中析出 α,随着温度不断降低,α 相不断增多,而剩余的液相 L 不断减少,并且液相和固相的成分通过原子扩散分别沿着液相线和固相线变化。当结晶终了时,获得与原合金成分相同的 α 相固溶体。

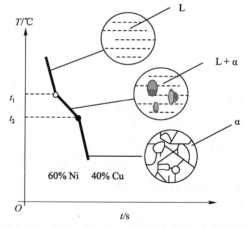

图 2-17　(Ni 60% Cu 40%)合金结晶过程示意图

 拓展延伸

　　纯金属结晶是在恒温下进行的,而大多数合金是在一个温度区间内进行结晶的,结晶的开始温度与终止温度不同,结晶开始时在局部范围内"相"的化学成分(浓度)有变化,然后随时间的推移直到结晶终止,整个晶体化学成分均匀化在该段时间同时进行,因此结晶后的化学成分与原化学成分相同。

2.3　铁　碳　合　金

钢铁是工业中应用最广泛的金属材料，Fe-Fe₃C 相图是研究钢铁成分、温度、组织和性能之间关系的理论基础，也是制订钢铁材料的各种热加工工艺的依据，因此说它是研究铁碳合金的工具。

2.3.1　铁碳合金中的基本相

铁碳合金的基本组元是工业纯铁和 Fe_3C，由于铁存在着同素异晶转变，即在固态下有不同的结构。不同结构的铁与碳可以形成不同的固溶体，铁碳合金相图上的固溶体都是间隙固溶体。由于 α-Fe 和 γ-Fe 晶格中孔隙特点的不同，因而两者的溶碳能力也不同。

1. 铁素体

铁素体是碳溶于 α-Fe 中所形成的间隙固溶体，用符号"F"表示，为体心立方晶格，其晶胞示意图如图 2-18 所示。由于其单个间隙体积小，所以它的溶碳量很小，727 ℃时最多只有 0.021 8%，室温时几乎为 0，因此铁素体的性能与纯铁相似，硬度低而塑性高，并具有铁磁性，它是铁碳合金中的最基本相。铁素体的力学性能特点是塑性、韧性好，而强度、硬度低。铁素体的显微组织与工业纯铁相同，用 4%硝酸酒精溶液浸蚀后，在显微镜下呈现明亮的多边形等轴晶粒，其显微组织如图 2-19 所示。钢中单相铁素体呈白色块状分布，但当含碳量接近共析成分时，铁素体因量少而呈断续的网状分布在珠光体的周围。

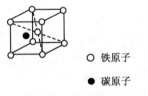

○ 铁原子

● 碳原子

图 2-18　铁素体晶胞结构示意图

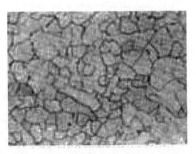

图 2-19　铁素体金相显微组织图

2. 奥氏体

奥氏体是碳溶于 γ-Fe 中所形成的间隙固溶体，用符号"A"表示，为面心立方晶格，其晶胞示意图如图 2-20 所示。由于其间隙总体积较小，但单个间隙体积较大，所以它的溶碳量较大，在 1 148 ℃时最多能溶解 2.11%的碳，在 727 ℃时能溶解 0.77%的碳。在一般情况下，奥氏体是一种高温组织，稳定存在的温度范围为 727 ℃～1 394 ℃，故奥氏体的硬度低、塑性较高，通常在对钢铁材料进行热变形加工，如锻造、热轧等时，都应将其加热成奥氏体状态。因此一般是看不到奥氏体相的，只有在奥氏体不锈钢中，才能观察到奥氏体组织，其组织与铁素体相似，其显微组织如图 2-21 所示，从图中可以看出晶界较为平直，另外奥氏体还具有无磁性，因此奥氏体不锈钢不能被磁化，可用于制造不受磁场干扰的零件或部件。

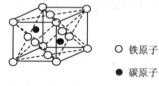

○ 铁原子
● 碳原子

图 2-20 奥氏体晶胞结构示意图

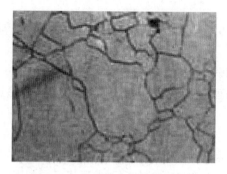

图 2-21 奥氏体金相显微组织图

3. 渗碳体

渗碳体是铁和碳形成的具有复杂晶格结构的金属化合物,用化学分子式"Fe₃C"表示,其晶体结构示意图如图 2-22 所示,它的碳质量分数 $w_C=6.69\%$,熔点为 1 227 ℃。特点是硬度高、塑性很差、伸长率和冲击韧性几乎为零,是一个硬而脆的相,是钢中的主要强化相,以不同形态和大小的晶体出现于组织中,根据生成条件不同,渗碳体有条状、网状、片状、粒状等形态,它的大小、数量、分布对铁碳合金的力学性能有很大影响,其显微组织为单相渗碳体,如图 2-23 所示。

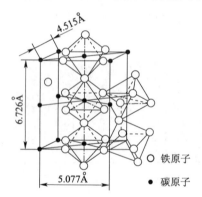

4.515Å
6.726Å
5.077Å
○ 铁原子
● 碳原子

图 2-22 渗碳体晶体结构示意图

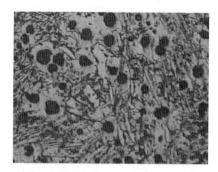

图 2-23 渗碳体金相显微组织图

2.3.2 铁碳合金中的基本组织

1. 珠光体

由铁素体和渗碳体组成的机械混合物称为珠光体,用符号"P"表示。它的平均含碳量为 0.77%。由于珠光体是由硬的渗碳体片和软的铁素体片相间组成的混合物,故其机械性能界于渗碳体和铁素体之间。它的强度较好,显微组织如图 2-24 所示,其中白色相为铁素体黑色条状相为渗碳体。

2. 莱氏体

含碳量为 4.3% 的液态合金,当温度缓慢冷却到 1 148 ℃时,同时结晶出奥氏体和渗碳体的共晶体,称为高温莱氏体,用符号 L_d 表示。当冷却到 727 ℃时由奥氏体转变为珠光体,所以室温下莱氏体由珠光体和渗碳体组成,称为低温莱氏体,用符号 L_d' 表示。由于莱氏体的基本组织为渗碳体,因此其特点是高硬度、塑性很差、脆性很大,显微组织如图 2-25 所示,其中白色相为渗碳、黑色相为珠光体两者共同组成莱氏体。

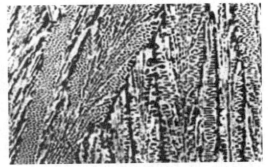

图 2-24　珠光体显微组织示意图　　　　图 2-25　低温莱氏体显微组织示意图

拓展延伸

　　一般可将珠光体机械混合物,理解比喻为建筑混凝土,其中水泥作为软的基体、石子作为硬的质点。若石子少、水泥多,则混凝土强度不够;若石子多、水泥少,则混凝土松散。因此,水泥与石子配比必须适当,混凝土才合格。即相当于钢中铁素体作为软的基体、渗碳体作为硬的质点,这两者适当配比可获各种不同性能的铁碳合金。

2.3.3　铁碳合金相图分析

　　铁和碳可以形成一系列化合物,如 Fe_3C、Fe_2C、FeC 等,有实用价值并被深入研究的只是 $Fe\text{-}Fe_3C$ 部分,通常称其为 $Fe\text{-}Fe_3C$ 相图,它是在极缓慢加热(或冷却)条件下,铁碳合金成分、温度与组织或状态之间关系的图形,此时相图的组元为 Fe 和 Fe_3C,由于实际使用的铁碳合金其含碳量多在 5% 以下,因此成分轴从 0 到 6.69%,所谓的铁碳合金相图实际上就是 $Fe\text{-}Fe_3C$ 相图,图 2-26 所示为简化后的 $Fe\text{-}Fe_3C$ 相图。

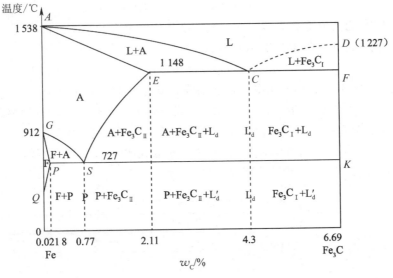

图 2-26　简化后的 $Fe\text{-}Fe_3C$ 相图

Fe-Fe$_3$C 相图是由一些基本相图组成的,可以将 Fe-Fe$_3$C 相图分成上下两个部分来分析。

(1)在 1 148 ℃时,w_C=4.3%的液相发生共晶转变,从一个液相中同时结晶出两种固相(A+Fe$_3$C)。即 L $\Longleftrightarrow$ L$_d$(A+Fe$_3$C)转变的产物称为莱氏体,用符号 L$_d$ 表示,它存在于 1 148 ℃~727 ℃之间的莱氏体称为高温莱氏体,组织由奥氏体和渗碳体组成,存在于 727 ℃以下的莱氏体称为低温莱氏体,用符号 L$_d'$ 表示,其组织由渗碳体和珠光体组成,低温莱氏体是由珠光体、二次渗碳体和共晶渗碳体组成的机械混合物。

(2)在 727 ℃时,w_C=0.77%的奥氏体发生共析转变,从一个固相(奥氏体)中同时析出两个固相(F+Fe$_3$C)。即 A $\Longleftrightarrow$ P(F+Fe$_3$C)转变的产物称为珠光体,用符号 P 表示。共析转变与共晶转变的区别:共析是固体中析出不同的固体,而共晶是液体冷却时结晶出不同的固体转变物。

(3)相图中的一些特征点及相图中应该掌握的特征点含义,见表 2-1。

表 2-1　Fe-Fe$_3$C 相图中特征点

点的符号	温度/℃	w_C/(%)	特征点的含义
A	1 538	0	纯铁的熔点
C	1 148	4.3	共晶点
D	1 227	6.69	渗碳体的熔点
E	1 148	2.11	碳在奥氏体(γ-Fe)中的最大溶解度
F	1 148	6.69	共晶渗碳体的成分
G	912	0	纯铁的同素异构转变
S	727	0.77	共析点
P	727	0.021 8	碳在铁素体(α-Fe)中的最大溶解度

(4)铁碳相图中的特性线:相图中的关键线应该掌握的线有 ECF 共晶转变线、PSK 共析转变线(A_1线)、GS线(A_3线)、ES线(A_{cm}线)。

① 水平线 ECF 为共晶转变线,温度 1 148 ℃碳质量分数在 2.11%~6.69%之间的铁碳合金,在平衡结晶过程中均发生共晶转变。

$$L \Longleftrightarrow L_d(A+Fe_3C)$$

② 水平线 PSK 为共析转变线,温度 727 ℃碳质量分数为 0.021 8%~6.69%的铁碳合金,在平衡结晶过程中均发生共析转变 PSK 线亦称 A_1 线。

$$A \Longleftrightarrow P(F+Fe_3C)$$

③ GS 线是合金冷却时自 A 中开始析出 F 的临界温度线,通常称 A_3 线。

④ ES 线是碳在 A 中的固溶线,通常叫做 A_{cm} 线。由于在 1 148 ℃时 A 中溶碳量最大可达 2.11%,而在 727℃时仅为 0.77%,因此碳质量分数大于 0.77%的铁碳合金自 1 148 ℃冷至 727 ℃的过程中,将从 A 中析出 Fe$_3$C,析出的渗碳体称为二次渗碳体(Fe$_3$C$_{II}$)。A_{cm}线,亦为从 A 中开始析出 Fe$_3$C$_{II}$ 的临界温度线。相图中其他特性线含义见表 2-2。

表 2-2　Fe-Fe$_3$C 相图中特性征线

特性征线	特性征线含义
ACD	液相线
$AECF$	固相线

特性征线	特性征线含义
ECF	共晶线,温度 1 148 ℃
PSK	共析线,也称 A_1 线,温度 727 ℃
GS	称 A_3 线。冷却时,从不同含碳量的奥氏体中析出铁素体的开始线
ES	称 A_{cm} 线。碳在 γ-Fe 中的溶解度线
GP	奥氏体向铁素体转变的终了线
PQ	碳在 F 中固溶线,在 727 ℃时 F 中溶碳量最大可达 0.021 8%,室温时仅为 0.000 8%

 拓展延伸

1868 年俄国学者切尔诺夫揭示了钢热处理时的相变存在;1887 年法国人奥斯蒙利用差热分析方法系统地研究了钢相变的机理;1899 年英国冶金学家罗伯茨·奥斯汀指出钢在临界温度以上的相是固溶体,并绘制出历史上第一张铁碳合金相图;1900 年德国人巴基乌斯·洛兹本在此基础上应用吉布斯相律又重新修订了铁碳合金相图,这是金属学发展的一次重大转折。

2.3.4　铁碳合金的分类

在 Fe-Fe$_3$C 相图中,按含碳量室温平衡组织的不同,铁碳合金可以分为工业纯铁、钢和白口铸铁三类。其中,把含碳量不大于 0.021 8% 的铁碳合金称为工业纯铁;把含碳量在 $w_C=0.021\ 8\%\sim 2.11\%$ 的铁碳合金称为钢;把含碳量大于 2.11% 的铁碳合金称白口铸铁。铁碳合金分类见表 2-3。

表 2-3　铁碳合金的分类

合金类别	工业纯铁	钢			白口铸铁		
		亚共析钢	共析钢	过共析钢	亚共晶白口铁	共晶白口铁	过共晶白口铁
$w_C/\%$	$\leqslant 0.021\ 8$	$0.021\ 8\sim 0.77$	0.77	$0.77\sim 2.11$	$2.11\sim 4.3$	4.3	$4.3\sim 6.69$
室温组织	F	F+P	P	P+Fe$_3$C$_{II}$	P+Fe$_3$C$_{II}$+L$_d'$	L$_d'$	L$_d'$+Fe$_3$C$_I$

2.3.5　典型铁碳合金结晶过程分析

1. 共析钢

合金冷却曲线如图 2-27 所示,以 T8 钢合金 Ⅱ 线为例,其合金中碳的含量 0.77% 的共析钢冷却曲线。该合金的相变是在恒温下实现的,慢冷所得呈层片状的珠光体。

冷却结晶组织变化如图 2-28 所示,如液态合金冷却到 1 点温度时,从液体中开始结晶出奥氏体。1～2 点温度之间,液态合金与奥氏体共存,冷却到 2 点时,液态全部结晶为奥氏体。2～3 点温度范围内,合金组织不变,为均匀的奥氏体。当冷却到 3 点温度 727 ℃时,奥氏体在恒温下发生共析转变,即从奥氏体中同时析出铁素体和渗碳体的机械混合物——珠光体,3 点以下至室温,组织不再发生变化。

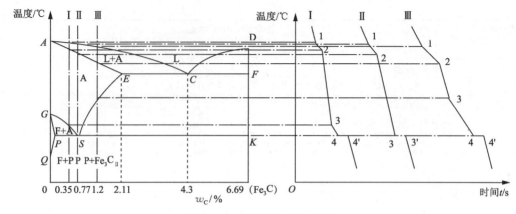

图 2-27　典型合金冷却曲线

2. 亚共析钢

合金冷却曲线如图 2-27 所示，以 35 钢合金 I 线为例，其合金中碳的含量在 $w_c=0.021\,8\%\sim2.11\%$ 的亚共析钢冷却曲线，组织为铁素体＋珠光体。

冷却结晶组织变化如图 2-28 所示，液态合金冷却到 1 点温度时，从液体中开始结晶出奥氏体；1～2 点温度之间，液态合金与奥氏体共存；冷却进行到 2～3 点时，全部结晶为单相奥氏体组织。当冷却到与 GS 线相交的 3 点时，从奥氏体中开始析出铁素体，呈连续或断续的网络状围绕着珠光体分布，由于铁素体只能溶解少量的碳，因此合金中大量的碳留在奥氏体中而使其含碳量增加。随着温度下降析出的铁素体量增加，剩余的奥氏体量减少，奥氏体的含碳量沿着 GS 线增加。当温度降到 PSK 线相交的 4 点时，奥氏体的含碳量达到 0.77%，此时剩余奥氏体发生共析反应，转变成珠光体。在恒温下发生共析转变，4 点以下至室温，合金组织不再发生变化。其室温组织是珠光体＋铁素体，含碳量不同时珠光体与铁素体的相对量也不同，含碳量越多珠光体的数量越多，35 钢显微组织如图 2-29 所示，其中白色相为铁素体、黑色相为珠光体（随着含碳量增大，珠光体的比例增多）。

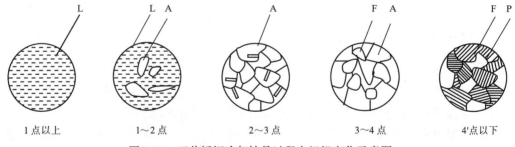

| 1 点以上 | 1～2 点 | 2～3 点 | 3～4 点 | 4'点以下 |

图 2-28　亚共析钢冷却结晶过程中组织变化示意图

3. 过共析钢

合金冷却曲线如图 2-27 所示，以 T12 钢合金 Ⅲ 线为例，其合金中碳的含量在 $w_c=0.77\%\sim2.11\%$ 的过共析钢冷却曲线。实用钢的最大含碳量只到 1.3%，因碳量再高，二次渗碳体量增多，使钢变脆，失去使用价值。T12 钢室温显微组织如图 2-30 所示，其中黑色区域为珠光体，沿晶界分布的白色网状为二次网状渗碳体。

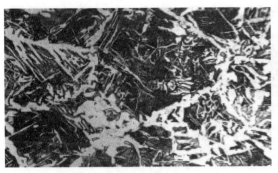

图 2-29　35 钢显微组织示意图

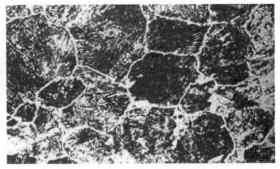

图 2-30　T12 钢显微组织示意图

冷却结晶组织变化如图 2-31 所示,液态合金冷却到 1 点温度时,从液体中开始结晶出奥氏体; 1～2 点温度之间,液态合金与奥氏体共存;当冷却到 3 点时,奥氏体中的含碳量达到饱和,继续冷却后碳在奥氏体中的溶解度减少,沿着奥氏体晶界析出网状二次渗碳体,且碳量越高,渗碳体网越多、越完整。2～3 点温度范围内,合金组织不变,为均匀的奥氏体;3～4 点温度范围内,为网状二次渗碳体+奥氏体;当冷却到 4～4′点温度(727 ℃)时,奥氏体在恒温下发生共析转变,其室温显微组织为二次渗碳体+珠光体。

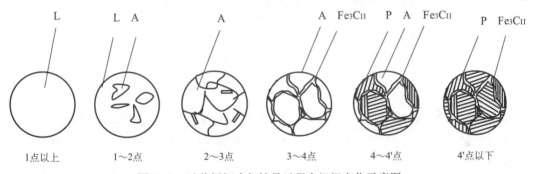

图 2-31　过共析钢冷却结晶过程中组织变化示意图

4. 白口铸铁

同理,根据铁碳相图可以进一步分析亚共晶白口铁、共晶白口铁和过共晶白口铁的结晶过程及得到的显微组织。亚共晶白口铸铁显微组织如图 2-32 所示,其中黑色相为珠光体,珠光体周边白色相为二次渗碳体,黑白相间麻点状相为低温莱氏体;共晶白口铁的显微组织如图 2-33 所示,其中黑白相间的麻点状相为低温莱氏体;过共晶白口铁的显微组织如图 2-34 所示,其中大白条状相为一次渗碳体,黑白相间状相为低温莱氏体。

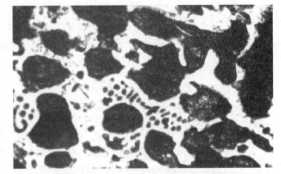

图 2-32　亚共晶白口铸铁显微组织

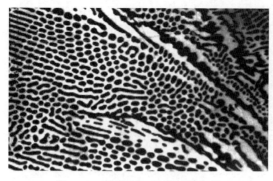
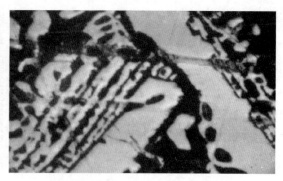

图 2-33　共晶白口铸铁显微组织 　　　　　图 2-34　过共晶白口铸铁显微组织

 拓展延伸

　　白口铸铁因有共晶转变,因此组织中渗碳体的数量多,出现了莱氏体基体,由于莱氏体的存在,使得白口铸铁硬度很高,脆性很大,难以切削加工,所以在实际生产中很少直接使用,一般可作为炼钢的原料,但它可直接用于制造机车车辆的车轮。

2.3.6　铁碳合金中碳含量对性能的影响规律

　　在一定温度下,铁碳合金的成分决定了组织,而组织决定了合金的性能。铁碳合金的室温组织都是由铁素体和渗碳体两相组成,但由于含碳量不同,在组织中两个相的相对数量、分布及形态也不同,因此不同成分的铁碳合金具有不同的组织和性能。

　　1. 含碳量对平衡组织的影响

　　铁碳合金在室温的组织都是由 F 和 Fe_3C 两相组成,随着含碳质量分数的增加,F 的量逐渐减小,而 Fe_3C 的量逐渐增加,并且由于形成条件不同,铁碳合金的组织将按 Fe_3C 的形态和分布有所变化,如图 2-35 所示。

　　2. 含碳量对力学性能的影响

　　图 2-36 所示为含碳量对碳钢力学性能的影响。随着钢中含碳量的增加,钢的强度、硬度升高,而塑性和韧性下降,这是由于组织中渗碳体量不断增多,铁素体量不断减少的缘故。但当 $w_C=0.9\%$ 时,由于网状二次渗碳体的存在,若含量越多,分布越均匀,材料的硬度和强度越高,塑性和韧性越低;但当渗碳体分布在晶界或作为基体存在时,材料的塑性和韧性就会大为下降,且强度也随之降低。

　　3. 含碳量对工艺性能的影响

　　对切削加工性能来说,一般认为中碳钢的塑性比较适中,硬度在 200 HB 左右,切削加工性能最好。含碳量过高或过低,都会降低其切削加工性能。

　　工业上使用的钢含碳量一般不超过 1.4%;而含碳量超过 2.11% 的白口铸铁,因组织中大量渗碳体的存在,使性能硬而脆,较难以切削加工,一般以铸态件使用。

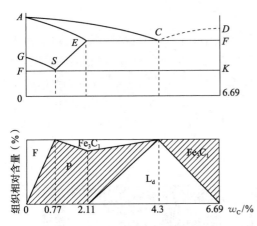

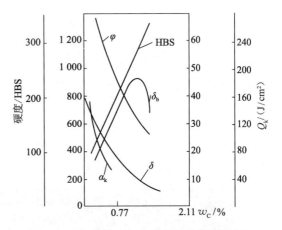

图 2-35　含碳量对铁碳合金室温组织的影响　　　图 2-36　含碳量对钢力学性能的影响（缓冷）

2.3.7　铁碳合金相图的应用

铁碳合金相图表明含碳量不同时其组织、性能的变化规律，同时也揭示了相同成分的合金在不同温度时的组织和性能的变化规律，这为生产实践的选材以及热处理工艺的制订提供了依据。

1. 作为机械零件选材的主要依据

相图表明了钢铁材料成分、组织的变化规律，由此可判断出力学性能的变化特点，从而为选材提供了可靠的依据。例如，要求塑性、韧性、焊接性能良好的材料，应选低碳钢；要求硬度高、耐磨性好的各种工具钢，应选用含碳量较高的钢。

2. 在热处理方面的应用

铁碳相图是确定各种热处理操作的加热温度的重要依据。可以通过不同含碳量的钢，在加热和冷却时发生相变的规律和对应温度，来确定不同的热处理工艺，如图 2-37 所示。

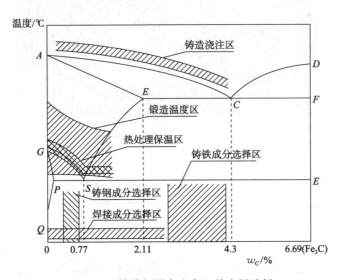

图 2-37　铁碳相图在生产上的应用选择

3. 制订各种热加工工艺的的主要依据

(1)可锻性能:低碳钢比高碳钢好。由于钢加热呈单相奥氏体状态时,塑性好、强度低,便于塑性变形,所以一般锻造都是在奥氏体状态下进行,锻造时必须根据铁碳相图确定合适的温度,始轧和始锻温度不能过高,以免产生过烧;始轧和始锻温度也不能过低,以免产生裂纹,工业锻造生产如图 2-38 所示。

(2)铸造性能:铸铁的流动性比钢好,易于铸造,特别是靠近共晶成分的铸铁,其结晶温度低,流动性也好,更具有良好的铸造性能。从相图的角度来讲,凝固温度区间越大,越容易形成成分散缩孔和偏析,铸造性能越差,工业铸造生产如图 2-39 所示。

图 2-38　工业锻造生产　　　　　　　　图 2-39　工业铸造生产

(3)焊接性能:化学成分对铁碳合金的焊接性能影响很大,含碳量越低,钢的焊接性能越好;含碳量越高,钢的焊接性能越差,所以低碳钢比高碳钢更容易焊接,工业焊接生产如图 2-40 所示。

图 2-40　工业焊接生产

 拓展延伸

　　钢与铁(也称生铁)的区别:

　　习惯上常说的"钢铁"是对钢和铁的总称。含碳的多少是区别钢与铁的主要标准,当含碳量增加到一定程度后就会引起质的变化。铁含碳量大于 2.11%,由于含碳量高,质硬而脆,耐压耐磨几乎没有塑性,不能进行机械加工,是炼钢的原料;钢含碳量小于 2.11%,不仅具有良好的塑性,且具备强度高、韧性好、抗冲击等力学性能,因此被广泛使用。

小　结

（1）金属的晶体结构是由原子有规则的排列所形成，原子排列的具体方式不同，便组成了几种不同类型的晶格（体心立方晶格、面心立方晶格、密排六方晶格）。

（2）金属结晶的条件：过冷是金属结晶的必要条件。结晶条件的不同，可将形核方式分为自发形核和非自发形核两种散热条件比较优越的棱边和顶角处就会优先长大。实际生产中常采用增加过冷度、变质处理、附加振动细化晶粒，以提高力学性能。

（3）晶体缺陷根据几何特征，一般分为点缺陷、线缺陷、面缺陷三类。

（4）金属在固态下，随温度的改变由一种晶格转变为另一种晶格的现象称为同素异构转变。纯铁在固态下具有同素异构转变性能，其组织中不同类型晶格对碳元素的溶解能力也是不相同的，从而形成五种类型的铁碳合金基本组织（铁素体、奥氏体、渗碳体、珠光体、莱氏体）。由于各自基体中的含碳量不同，表现出来的力学性能就不一样，组织之间会随温度改变而发生相互之间的转变。例如，含碳量为 0.77% 的钢，在 800 ℃ 时的组织是奥氏体，而在室温下组织转变为珠光体。即铁碳合金的基体铁发生了同素异构转变，这也是铁碳合金能够通过热处理改变其性能的根本原因。

（5）铁碳合金分类：

名　　称	合金中碳的含量 w_C/%	铁碳合金分类	平衡组织
工业纯铁	0～0.021 8%	纯铁	铁素体
钢	0.021 8%～0.77%	亚共析钢	铁素体+珠光体
	0.77%	共析钢	珠光体
	0.77%～2.11%	过共析钢	珠光体+二次渗碳体
白口铸铁	2.11%～4.3%	亚共晶白口铁	珠光体、二次渗碳体+低温莱氏体
	4.3%	共晶白口铁	莱氏体
	4.3%～6.69%	过共晶白口铁	一次渗碳体+低温莱氏体

（6）在铁碳合金中一共有三个相，即铁素体，奥氏体和渗碳体，但奥氏体一般仅存在于高温下，所以室温下所有的铁碳合金中只有两个相，即铁素体和渗碳体，由于铁素体中的含碳量非常少，因此铁碳合金中的碳绝大部分存在于渗碳体中。

（7）铁碳合金组织变化的基本规律：随含碳量的增加，工业纯铁中的三次渗碳体的量增加；亚共析钢中的铁素体的量减少；过共析钢中的二次渗碳体量增加；亚共晶白口铸铁的珠光体和二次渗碳的量也减少，共晶渗碳体量增加；过共晶白口铁中的一次渗碳体和共晶渗碳体的量增加。

（8）铁碳合金相图是表示铁碳合金成分、组织和温度三者之间相互关系的图表，该图表明了铁碳合金组织的变化，主要受含碳量和温度的改变而发生变化，主要应用在钢材料的选用和热加工工艺的制订等方面。

复习题

一、名词解释

同素异构转变、铁素体、奥氏体、珠光体、合金、相。

二、选择填空题

1. 下面所的列组织中,脆性最大的是(　　　);塑性最好的是(　　　)。

　　A. F 　　　　　　　　B. P 　　　　　　　　C. A 　　　　　　　　D. Fe₃C

2. 铁素体是碳溶解在(　　　)中所形成的间隙固溶体。

　　A. α-Fe 　　　　　　B. γ-Fe 　　　　　　C. δ-Fe 　　　　　　D. β-Fe

3. 奥氏体是碳溶解在(　　　)中所形成的间隙固溶体。

　　A. α-Fe 　　　　　　B. γ-Fe 　　　　　　C. δ-Fe 　　　　　　D. β-Fe

4. 在铁碳合金相图中,钢与铁的分界点的含碳量为(　　　)。

　　A. 2.0% 　　　　　　B. 2.06% 　　　　　　C. 2.11% 　　　　　　D. 2.2%

5. 莱氏体是一种(　　　)。

　　A. 固溶体 　　　　　　　　　　　　B. 金属化合物

　　C. 机械混合物 　　　　　　　　　　D. 相

6. 在铁碳合金相图中,ES 线也称为(　　　)而 GS 线也称为(　　　)。

　　A. 共晶线 　　　　　B. 共析线 　　　　　C. A₃线 　　　　　D. A_{cm}线

7. 下列组织属于相的是(　　　)。

　　A. 铁素体 　　　　　　　　　　　　B. 珠光体

　　C. 高温莱氏体 　　　　　　　　　　D. 低温莱氏体

8. 珠光体是一种(　　　)。

　　A. 固溶体 　　　　　　　　　　　　B. 金属化合物

　　C. 机械混合物 　　　　　　　　　　D. 相

9. 在铁碳合金中,共析钢的含碳量为(　　　)。

　　A. 0.68% 　　　　　B. 0.77% 　　　　　C. 0.8% 　　　　　D. 0.89%

三、填空题

1. 纯铁在 1 200 ℃时晶体结构为(　　　　　),在 800 ℃时晶体结构为(　　　　　)。

2. 在 Fe-Fe₃C 相图中,共晶转变温度是(　　　　　)、共析转变温度是(　　　　　)。

3. 珠光体是一种组织,它由(　　　　　)和(　　　　　)按一定比例组成,珠光体用符号(　　　　　)表示。

4. 铁碳合金中,共析钢的含碳量为(　　　　　)、室温平衡组织为(　　　　　);亚共析钢含碳量为(　　　　　)、室温平衡组织为(　　　　　);过共析钢的含碳量为(　　　　　)、室温平衡组织为(　　　　　)。

5. 铁碳合金的主要力学性能与碳的质量分数之间的关系规律是:当含碳量小于 0.9% 时,随着碳质量分数的增加,其(　　　　　)、(　　　　　)增加,而(　　　　　)、(　　　　　)降低;当含碳量大于 0.9% 时,其(　　　　　)、(　　　　　)、(　　　　　)降低,而(　　　　　)增加。

6. 铁碳合金在室温下平衡组织组成物的基本相是(　　　　)和(　　　　),随着含碳量的增加,(　　　　)相的相对量增多,(　　　　)相的相对量却减少。

7. 铁碳合金结晶过程中,从液体中析出的渗碳体称为(　　　　)渗碳体;从奥氏体中析出的渗碳体称为(　　　　)渗碳体;从铁素体中析出的渗碳体称为(　　　　)渗碳体。

8. 在 Fe-Fe$_3$C 相图中,共晶点的含碳量为(　　　　),共析点的含碳量为(　　　　)。

四、判断题

1. 铁素体是碳溶解在 α-Fe 中所形成的置换固溶体。　　　　　　　　　　　　(　　)

2. GS 线表示由奥氏体冷却时析出铁素体的开始线,通称 A$_3$ 线。　　　　　　(　　)

3. 过共析钢结晶的过程是:L→L+A→A→A+Fe$_3$C$_\text{Ⅱ}$→P+Fe$_3$C$_\text{Ⅱ}$。　　(　　)

4. 奥氏体是碳溶解在 γ-Fe 中所形成的间隙固溶体。　　　　　　　　　　　　(　　)

5. ES 线是碳在奥氏体中的溶解度变化曲线,通称 A$_\text{cm}$ 线。　　　　　　　(　　)

6. 奥氏体是碳溶解在 γ-Fe 中所形成的置换固溶体。　　　　　　　　　　　　(　　)

7. 在 Fe-Fe$_3$C 相图中的 ES 线是碳在奥氏体中的溶解度变化曲线。　　　　(　　)

8. 共析钢结晶的过程是 L→L+A→A→P。　　　　　　　　　　　　　　　　(　　)

9. GS 线表示由奥氏体冷却时析出铁素体的开始线,通称 A$_1$ 线。　　　　　　(　　)

10. 亚共析钢结晶的过程是:L→L+A→A→F+A→F+P。　　　　　　　　　　(　　)

五、简答题

1. 何谓纯铁的同素异晶转变,它有什么重要意义?

2. 试画出简化的 Fe-Fe$_3$C 相图,并说明图中点、线的含义,并填出各相区的相和组织。

3. 简述非合金钢含碳量、显微组织与力学性能的关系。

4. 试分析 $w_\text{C}=0.2\%$、$w_\text{C}=1.0\%$、$w_\text{C}=3.1\%$、$w_\text{C}=4.5\%$ 的铁碳合金的结晶过程,试比较它们的室温组织有何异同点?

5. 试以 20 钢、45 钢、T10 钢的平衡组织,分析说明这三种钢的力学性能有何不同?

6. 随着含碳量的增加,钢的组织和性能有什么变化?

第 3 章
常用非合金钢材料

学习目标

- 了解杂质元素对非合金钢性能的影响。
- 掌握非合金钢的分类、性能特点和牌号。
- 初步掌握金属材料的选用方法。

3.1 非合金钢概述

非合金钢是指不含有特意加入合金元素的铁碳合金,组成元素主要是铁和碳。但由于在冶炼过程中原材料及冶炼工艺方法等影响,钢铁中难免有少量的其他元素存在,如硅、锰、硫、磷等。这些并非有意加入的元素一般称为杂质元素,它们的存在对钢的性能有较大影响。

3.1.1 杂质元素对钢的影响

1. 硅和锰的影响

在炼钢的生产过程中,由于原料中含有锰、硅以及使用锰、硅作为脱氧剂,使得钢中常含有少量的锰、硅元素。少量的锰、硅溶于铁素体形成固溶体,它能提高钢的强度和硬度,并且不降低钢的塑性、韧性。另外,锰还和硫形成 MnS,从而消除和减轻硫对钢的危害,所以锰和硅是钢中的有益元素。

2. 硫和磷的影响

硫和磷也是从原料及燃料中带入钢中的。硫在固态下不溶于铁,以 FeS 形式存在,常与铁形成共晶体(Fe+FeS),它的熔点低(985 ℃);当钢材加热到 1 000 ℃~1 200 ℃进行轧制或锻造时,沿晶界分布的 Fe-FeS 共晶体已经熔化,各晶粒间的连接被破坏,导致钢材开裂,这种现象称为热脆性。磷部分溶解在铁素体中形成固溶体,部分在结晶时形成脆性很大的化合物(Fe_3P),使钢在室温下(一般为 100 ℃以下)的塑性和韧性急剧下降,低温时更为突出,这种现象称为冷脆性。因此,硫、磷是有害元素,钢中硫、磷的含量必须严格控制。

3. 氧、氢和氮的影响

氧、氢和氮三种气体元素也是钢中的有害元素。它们在高温时溶入钢液中,而在固态钢中溶解度极小,冷却时来不及逸出而积聚在组织中形成高压细微的气孔,使钢的塑性、韧性和疲劳强度急剧降低,严重时会造成裂纹、脆断,因此必须控制这几种有害元素。

3.1.2　非合金钢的分类

非合金钢是以铁、碳为主要成分的合金,也称为碳钢,是国民经济建设中极为重要的金属材料。由于此钢种具有良好的工艺性能和使用性能,因此在工业、农业、国防及科技领域中得到了广泛的应用,其常见的分类方法是按钢的含碳量、质量等级、用途、冶炼时钢液的脱氧程度等方面进行。

1. **按非合金钢的含碳量分类**

(1)低碳钢:含碳量 $w_C=0.08\%\sim0.25\%$,塑性好、强度低,多用于冲压、焊接及渗碳件等。

(2)中碳钢:含碳量 $w_C=0.25\%\sim0.60\%$,强度和韧性比较高,综合力学性能较好,多用于轴类及一些结构件。

(3)高碳钢:含碳量 $w_C=0.60\%\sim1.40\%$,强度和硬度比较高,多用于工具、量具和模具等工件。

2. **按非合金的质量等级分类**

按质量等级分类即按钢中有害杂质(硫、磷)的含量进行分类:

(1)普通质量非合金钢:含杂质量 $w_S\leqslant0.050\%$,$w_P\leqslant0.045\%$。在生产过程中不需要特别控制质量的钢,如建筑及工程用的结构钢,其价格低廉,工艺性能(焊接性、冷变形成形性)优良,用于制造一般工程结构件、普通机械零件、建筑钢筋、螺纹钢及一般铁路道轨等。通常热轧成扁平成品或各种型材(圆钢、方钢、工字钢、钢筋等),一般不经热处理,在热轧状态下直接使用。

(2)优质非合金钢:含杂质量 $w_S\leqslant0.035\%$,$w_P\leqslant0.035\%$。在生产过程中需要特别控制质量的钢,使用前一般都要经过热处理来改善力学性能,包括机械结构用的优质碳素钢、工程结构用的碳素钢、非合金易切削钢、造船用的碳素钢、锅炉及压力容器用钢等。

(3)特殊质量非合金钢:含杂质量 $w_S\leqslant0.015\%$,$w_P\leqslant0.015\%$。在生产过程中需要特别严格控制质量的钢,包括兵器工业用钢、航空和航天工业用钢、核能用钢、专用碳素钢、弹簧钢及工具钢等。

3. **按非合金的用途分类**

(1)碳素结构钢:含碳量 $w_C=0.06\%\sim0.70\%$,用于制造机械零件,如齿轮、轴、弹簧等;在工程上,如桥梁、船舶及建筑结构件等。

(2)碳素工具钢:含碳量 $w_C=0.70\%\sim1.30\%$,用于制造各种刃具、量具和模具的钢材,此类工件均要求高硬度和高耐磨性。

4. **按冶炼时钢液的脱氧程度分类**

(1)沸腾钢:指炼钢时未能很好脱氧的钢。由于钢水含有很多的氧,在凝固过程中和钢中的碳产生激烈反应,逸出一氧化碳气泡,使钢水在钢锭模内发生沸腾现象。

(2)镇静钢:为完全脱氧的钢,浇铸时钢液不沸腾故称镇静钢。

(3)特殊镇静钢:比镇静钢脱氧程度更充分彻底的钢。

5. **其他分类方法**

非合金钢还可以按其他类型进行细分,如按专业领域分为锅炉用钢、矿用钢、桥梁用钢等,按冶炼方法分为转炉钢及电炉钢等。

3.2 非合金钢的牌号、性能与用途

非合金钢由于具有良好的力学性能,且冶炼方便,价格便宜。因此,在机械制造、建筑、交通运输及其他各个行业中得到广泛的应用。为了合理选择、正确使用非合金钢,首先应了解其牌号、性能及用途。

3.2.1 非合金钢的牌号表示方法及应用

(1)普通碳素结构钢:牌号由表示屈服点的汉语拼音字首"Q"、屈服强度的数值、质量等级符号和脱氧方法符号按顺序组成,例如 Q235-A·F 表示脱氧方法为沸腾钢、质量等级为 A 级、屈服强度为 235 MPa 的碳素结构钢。碳素结构钢由于含碳量较低,塑性、韧性好,焊接性能好,价格低,常制成各种钢板、钢带、圆钢、方钢、工字钢、槽钢等,如建筑用钢(包括建筑钢筋、螺纹钢、塔吊钢架及屋面钢梁等),建筑塔吊钢架如图 3-1 所示。

图 3-1 建筑塔吊钢架

常见普通碳素结构钢的牌号、化学成分、力学性能见表 3-1。

表 3-1 常见普通碳素结构钢的牌号、化学成分及力学性能

牌号	等级	化学成分(质量分数)/%					脱氧方法	力学性能		
		C	Mn	Si	S	P		R_{eL} /MPa	R_m /MPa	A /%
				不大于						
Q195	—	0.06~0.12	0.25~0.50	0.30	0.050	0.045	F、b、Z	(195)	315~390	33
Q215	A	0.09~0.15	0.25~0.55	0.30	0.050	0.045	F、b、Z	215	335~410	31
	B				0.045					
Q235	A	0.14~0.22	0.30~0.65	0.30	0.050	0.045	F、b、Z	235	375~460	26
	B	0.12~0.20	0.30~0.70		0.050					
	C	≤0.18	0.35~0.80	0.30	0.045	0.040	Z			
	D	≤0.17			0.035	0.035	TZ			

续表

牌号	等级	化学成分(质量分数)/%					脱氧方法	力学性能		
		C	Mn	Si	S	P		R_{eL} /MPa	R_m /MPa	A /%
					不大于					
Q255	A	0.18～0.28	0.40～0.70	0.30	0.050	0.045	Z	255	410～510	24
	B				0.045					
Q275	—	0.28～0.38	0.50～0.80	0.35	0.050	0.045	Z	275	490～610	20

常见普通碳素结构钢的用途见表 3-2。

表 3-2　普通碳素结构钢的应用

牌　　号	应用举例
Q195、Q215	用来制造薄板、低碳钢丝、焊接钢管、铁塔、井架、电信器材、钢钉、钢丝网、炉撑、烟囱、屋顶板、地脚螺栓、焊接件、冲压件、五金工具、水壶、罐头筒等
Q235	由于价格低廉,又具有良好的强度、塑性、焊接性、切削加工性等,应用广泛,常用来制造薄板、钢筋、条钢、中厚板、铆钉,某些机械零件,常用化工容器外壳、法兰、机车车辆等
Q255	用来制造结构用各种型条钢和钢板,但使用面不如 Q235A 钢广泛;也用于制造各种机械零件
Q275	用于制造齿轮轴、心轴、转轴、销轴、链轮、键、螺母、螺栓、垫圈、鱼尾板、农机用型钢和异型钢等,其强度、硬度较高,耐磨性好

(2)优质碳素结构钢:牌号由两位数字组成,代表钢的平均含碳量的万分数。例如 45 表示平均含碳质量分数为 0.45% 的优质非合金钢;08 表示平均含碳量为 0.08% 的优质非合金钢。常见优质碳素结构钢的牌号、力学性能见表 3-3。

表 3-3　常见优质碳素结构钢的力学性能

牌　　号	R_{eL}	R_m	A	Z	KU_2	HBW
	MPa		%		J	热轧
08	195	325	33	60	—	131
10	205	335	31	55	—	137
15	225	375	27	55	—	143
20	245	410	25	55	—	156
25	275	450	23	50	71	170
30	295	490	21	50	63	179
35	315	530	20	45	55	197
45	355	600	16	40	39	229
55	380	645	13	35	—	255
60	400	675	12	35	—	255
65	410	695	10	30	—	255
15Mn	245	410	26	55	—	163
16Mn	275	450	24	50	—	197

续表

牌　号	R_{eL}	R_m	A	Z	KU_2	HBW
	MPa		%		J	热轧
65Mn	430	735	9	30	—	285
70Mn	450	785	8	30	—	285

根据优质碳素结构钢中锰的含量不同,可分为普通含锰量钢(≤0.80%)和较高含锰量钢(0.7%～1.2%)两种,如果是后一种钢,则在两位数字后面加上 Mn,如 65Mn。含锰量较高的钢,淬透性好,可制作截面较大或要求力学性能较高的零件。高级优质碳素结构钢,在牌号后加符号"A",特级优质碳素结构钢,在牌号后加符号"E"。若为适应某些专业的特殊用途,对优质碳素结构钢的成分和工艺做一些调整,派生出一些专业用钢。专业用钢在牌号后面标出规定的符号,例如 08F 是平均含碳量为 0.08%的沸腾钢;20 G 是平均含碳量为 0.20%的锅炉用钢。08～25 钢含碳量低,属于低碳钢。这类钢强度、硬度低,塑性、韧性及焊接性好,用于制造冲压件、焊接件及强度要求不高的机械零件及渗碳件。

30～55 钢属于中碳钢,这类钢具有较高的强度和硬度,其塑性和韧性随含碳量的增加而逐步降低,切削性能良好。调质后具有较好的综合性能,用于受力较大的重要件。表面淬火后可提高表面硬度和耐磨性,可用于制造齿轮、汽车曲轴、高速重载的重要零件及车辆传动轴,如图 3-2 所示。

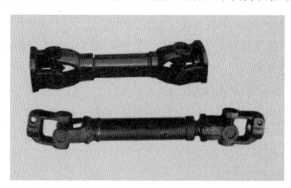

图 3-2　车辆传动轴

60 钢以上属于高碳钢。强度、硬度高,焊接性差,切削性稍差,冷变形塑性低。热处理后弹性或耐磨性高,主要用于制造具有较高强度、耐磨性和弹性的零件。常见优质碳素结构钢的应用见表 3-4。

表 3-4　常见优质碳素结构钢的应用

牌　号	应 用 举 例
10、10F	用来制造锅炉管、油桶顶盖、钢带、钢丝、钢板和型材,用于制造机械零件
20、20F	用来制造不经受很大应力而要求韧性的各种机械零件,如拉杆、轴套、螺钉、起重钩等,也用来制造在 5.9 MPa(60 大气压)、450 ℃以下非腐蚀介质中使用的管道等;还可以用来制造心部强度不大的渗碳与碳氮共渗零件,如轴套、链条的滚子、轴以及不重要的齿轮及链轮等
35	用于热锻的机械零件,冷拉和冷顶锻钢材,无缝钢管,机械制造中的零件,如转轴、曲轴、轴销、拉杆、连杆、横梁、星轮、套筒、轮圈、钩环、垫圈、螺钉、螺母、铸造汽轮机机身、轧钢机机身及飞轮等

续表

牌　号	应用举例
40	用来制造机器的运动零件,如辊子、轴、曲柄销、车辆传动轴、活塞杆、连杆及圆盘等
45	用来制造蒸汽涡轮机、压缩机、泵的运动零件;还可以用来代替渗碳钢制造齿轮、轴、活塞销等零件,但零件需经高频或火焰表面淬火,并可用作铸件
55	用于制造齿轮、连杆、轮圈、轮缘、扁弹簧及轧辊等,也可用作铸造碳钢零件
65	用于制造气门弹簧、弹簧圈、轴、轧辊、各种垫圈、凸轮及钢丝绳等
70	用于制造弹簧类零件等
15Mn	用于制造铁道、桥梁、各类建筑工程及承受不重要、不需热处理的机械零件和一般焊接件等
16Mn	用于制造板材、型材、无缝钢管、桥梁、船舶、锅炉、车辆及重要建筑结构件等
30Mn	用于制造螺栓、螺母、螺钉、杠杆、刹车踏板及在高应力下工作的小型零件等
40Mn	用于制造转轴、心轴、曲轴、花键轴、连杆、万向节轴、啮合杆、齿轮、离合器盘、螺栓、螺母等受疲劳及磨损零件
50Mn	用于制造火车轴、蜗杆、连杆及汽车曲轴、齿轮、齿轮轴、摩擦盘、心轴及平板弹簧等
65Mn	用于制造圆弹簧、座垫弹簧、弹簧发条、弹簧环、气门簧、离合器簧片、刹车弹簧及冷拔钢丝冷卷螺旋弹簧等零件

 拓展延伸

　　1995 年建成的九江长江大桥采用的是 15 MnV 钢,这种钢与 16 Mn 相比由于加入了钒使其强度提高到 412 MPa,但导致了钢板低温韧性值减小尤其是焊接性能变差,给桥梁施工带来了许多困难,因此该桥建成以后,这种钢也一直没有再推广使用。究其原因就是优质碳素结构钢的焊接性能好,做结构材料优于合金钢,因此金属可焊性是作为选取建筑结构材料关键因素之一。

3.2.2　碳素工具钢

　　碳素工具钢的牌号以汉语拼音字母"T"后面加阿拉伯数字来表示,数字表示钢中平均含碳量的千分数,如 T8 表示含碳量为 0.80％的碳素工具钢。若为高级优质碳素工具钢,则在牌号后面标以字母"A",如 T12A 表示平均含碳量为 1.2％的高级优质碳素工具钢。碳素工具钢生产成本低,加工性能良好,可用于制造低速、手动刀具及常温下使用的工具、模具、量具等,如板牙、丝锥、中心钻及钻头,如图 3-3 所示。

图 3-3　板牙、丝锥、中心钻及钻头

常见碳素工具钢的牌号、含碳量、力学性能及用途见表 3-5。

表 3-5 常见碳素工具钢的牌号、含碳量、力学性能及用途

牌 号	含碳量/%	退火后硬度/HBW	淬火后的硬度/HRC	应用举例
		不大于	不小于	
T7、T7A	0.65～0.74	187	62	凿子、模具、锤头、钻头、木工工具及钳工装配工具等受冲击、需较高硬度和耐磨性的工具
T8、T8A	0.75～0.84	187	62	
T9、T9A	0.85～0.94	192	62	刨刀、冲模、丝锥、板牙、手工锯条及卡尺等受较中等冲击的工具和耐磨机件
T10、T10A	0.95～1.04	197	62	
T11、T11A	1.05～1.14	207	62	
T12、T12A	1.15～1.24	207	62	钻头、锉刀、刮刀等不受冲击而要求极高硬度的工具和耐磨机件
T13、T13A	1.25～1.34	217	62	

3.2.3 铸造碳钢

铸造碳钢简称为铸钢，牌号以"铸"和"钢"两个汉语拼音首字母"ZG"后面加两组阿拉伯数字来表示，第一组数字表示屈服强度最低值，第二组数字表示抗拉强度最低值，如 ZG230-450 表示最低屈服强度 230 MPa、最低抗拉强度 450 MPa 的铸钢。一般用于制造形状复杂很难用锻造、机械加工方法制造且力学性能要求较高的机械零件。广泛用于制造重型机械的一些零件，如汽车变速箱齿轮、锻锤车钩、吊钩及砧座等，机车车辆车钩如图 3-4 所示。

图 3-4　机车车辆车钩

常见铸造碳钢的应用见表 3-6。

表 3-6 常见铸造碳钢的牌号、化学成分及力学性能

牌 号	化学成分(质量分数)/%					力学性能			
	C	Si	Mn	S	P	R_{eL}/MPa	R_m/MPa	$A_{11.3}$/%	Z/%
	不大于					不小于			
ZG200-400	0.20	0.50	0.80	0.40		200	400	25	40
ZG230-450	0.30	0.50	0.90	0.40		230	450	22	32

续表

牌　　号	化学成分(质量分数)/%					力 学 性 能			
	C	Si	Mn	S	P	R_{eL}/MPa	R_m/MPa	$A_{11.3}$/%	Z/%
	不大于					不小于			
ZG270-500	0.40	0.50	0.90	0.40		270	500	18	25
ZG310-570	0.50	0.60	0.90	0.40		310	570	15	21
ZG340-640	0.60	0.60	0.90	0.40		340	640	10	18

常见铸造碳钢的应用见表 3-7。

表 3-7　常见铸造碳钢的应用

牌　　号	应 用 举 例
ZG200-400	用来制造机座、磨床电气吸盘、变速箱体等受力不大但具有很好韧性的机械零件
ZG230-450	用于制造轴承盖、底板、阀体、机座、侧架、轧钢机架、箱体、梨柱及砧座等受力不大但具有较好韧性的机械零件
ZG270-500	用于制造飞轮、机车车辆车钩、水压机工作缸、轴承座、连杆、箱体及曲轴等机械零件
ZG310-570	用于来制造联轴器、大齿轮、缸体、机架、制动轮及轧辊等重载荷机械零件
ZG340-640	用来制造运输机、联轴器、车轮、阀轮及叉头等机械零件

　拓展延伸

　　国家体育场"鸟巢"结构用钢均采用"Q460"钢材,该钢是一种低合金高强度钢,要求最低屈服强度的数值应达到 460 MPa,也就是说钢材所受应力达到该值时将会发生塑性变形,这个强度在普通碳素结构钢中算是高强度的,比一般钢材都高,进而保证"鸟巢"的结构稳定。

小　　结

　　(1)非合金钢是指不含有特意加入合金元素的铁碳合金,常存在杂质元素包括硅、锰、硫、磷等,其中硅和锰为有益元素,硫和磷为有害元素。

　　(2)非合金钢的类别、牌号、成分、热处理、性能及用途。

	类　　别	常用牌号	成　　分	热处理	性　　能	用　　途
非合金钢	碳素结构钢	Q235	中、低碳	一般不需要	塑韧较高强度较低	一般工程结构普通的机械零件
	优质碳素结构钢	45	低中高碳	根据需要选用	性能优化	尺寸小、受力小的各类结构零件
	碳素工具钢	T10	高碳	淬火 + 低温回火	硬度耐磨性好,热硬性差	低速、手动工具
	铸造碳钢	ZG200-400	低中碳	一般不需要	力学性能较高	形状复杂、力学性能要求高的零件

复习题

一、名词解释

非合金钢、沸腾钢。

二、选择题

1. 能用于制造渗碳零件的材料是（　　　）。
  A. T12 钢   B. T8 钢   C. 10 钢

2. 用作建筑、桥梁等金属构件应选用（　　　）。
  A. 45 钢   B. T10 钢   C. Q235

3. 用于制作钻头、锉刀和刮刀等零件应选用（　　　）。
  A. 45 钢   B. T12   C. 20 钢   D. T8 钢

4. 08F 牌号中，08 表示其平均含碳量为（　　　）。
  A. 0.8%   B. 0.08%   C. 0.008%   D. 8%

5. 普通质量非合金钢、优质非合金钢及特殊质量非合金钢是按（　　　）进行划分的。
  A. 按非合金的质量等级   B. 主要性能
  C. 使用性能   D. 前三个均不是

6. 下列四种钢中，（　　　）弹性最好。
  A. T10 钢   B. 20 钢   C. 45 钢   D. 65 钢

三、填空题

1. 45 表示平均含碳量为（　　　　　）的优质碳素结构钢。08 表示平均含碳量（　　　　　）为的优质碳素结构钢。

2. T12 是（　　　　　）钢，可用于制造（　　　　　）。

3. 一般的轴类零件可选用（　　　　　）钢，弹簧类零件可选用（　　　　　）钢、工具类可选用（　　　　　）钢。

4. 按非合金的用途分类可分为（　　　　　）和（　　　　　）两类。

5. 按非合金的质量等级分类可分为（　　　　　）、（　　　　　）和（　　　　　）三类。

6. 按冶炼时钢液的脱氧程度分类可分为（　　　　　）、（　　　　　）和（　　　　　）三类。

四、判断题

1. T10 钢中的平均含碳量为 10%。   （　　　）

2. 碳素工具钢中的含碳量一般均大于 0.7%。   （　　　）

3. 弹簧钢的含碳量一般均小于 40%。   （　　　）

4. 锰、硅是钢中的有益元素它能提高钢的塑性和韧性。   （　　　）

5. 优质碳素结构钢主要用于建筑工业中，如常见的螺纹钢、钢筋等。 （　　　）

五、指出下列牌号的含义

60、T8、16Mn、Q235、ZG340-640、T12A。

六、简答题

1. 钢中常存在的有益元素有哪些? 它们对钢的性能有何影响?

2. 为什么钢中必须控制硫与磷的含量?

3. 非合金钢的质量等级划分是什么依据?

4. 低碳钢、中碳钢和高碳钢是根据什么划分的?

第 4 章
钢的热处理

学习目标

- 了解钢热处理的含义、分类和作用。
- 清楚钢加热奥氏体的形成过程及奥氏体冷却时组织转变过程。
- 掌握退火、正火、淬火、回火、感应加热淬火及渗碳等热处理工艺。
- 明确淬透性、淬硬性的含义。

4.1 热处理概述

热处理是将固态金属或合金采用适当的方式进行加热、保温和冷却,以获得所需要的组织结构与性能的工艺。钢经热处理后其力学性能将会发生显著的变化,从而满足零件的使用要求和延长寿命,还可以改善钢的加工性,提高加工质量和减少刀具磨损。因此,热处理是机械制造业中的重要工艺之一。

4.1.1 钢的热处理基本原理

热处理一般不改变工件的形状和整体的化学成分,而是通过改变工件内部的显微组织,或改变工件表面的化学成分来改善工件的使用性能。

例如,碳钢经过热处理淬火以后可由原来的 35 HRC 提高到 65 HRC。这就是说,钢在成分一定的情况下,其性能取决于钢的组织。根本原因就在于铁有同素异构转变,使钢在加热和冷却过程中,其内部组织与结构发生了变化的结果。

4.1.2 钢的热处理方法

钢的热处理种类可分为整体热处理、表面热处理、化学热处理和其他热处理四类。

整体热处理包括退火、正火、淬火和回火四种;表面热处理包括火焰淬火和感应加热淬火;化学热处理包括渗碳、渗氮和碳氮共渗等。其他热处理包括真空热处理、可控气氛热处理及形变热处理。热处理方法虽然很多,但任何一种热处理工艺都是由加热、保温和冷却三个阶段组成的。

因此,热处理工艺过程可用"温度-时间"为坐标的曲线图来表示(见图 4-1),称为热处理工艺曲线。

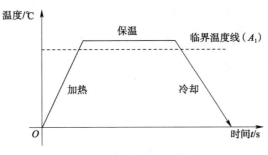

图 4-1　热处理工艺曲线

4.2　钢在加热时的组织转变

4.2.1　奥氏体的形成过程

由 Fe-Fe$_3$C 相图可知,温度在 A_1 以下钢的平衡组织为铁素体和渗碳体,当温度超过 A_1(共析钢)、A_3(亚共析钢)或 A_{cm}(过共析钢)以上,钢的组织为单相奥氏体组织,如图 4-2 所示。实验证明,单相奥氏体的形成,是由形核和长大两个过程组成。

1. 共析钢加热时奥氏体的形成过程

奥氏体的形成遵循一般的相变规律,包括形核与长大两个基本过程,可分为四个阶段,图 4-3 所示为共析钢的奥氏体形成过程示意图。

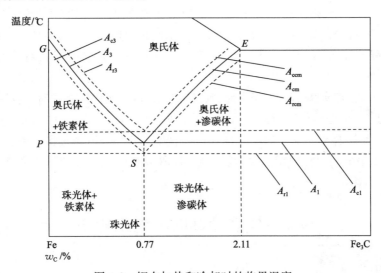

图 4-2　钢在加热和冷却时的临界温度

(1)奥氏体晶核的形成:将钢加热到 A_{c1} 以上时,珠光体转变成奥氏体,奥氏体晶核首先在铁素体和渗碳体的相界面形成。

(2)奥氏体长大:稳定的奥氏体晶核形成后,开始长大生成小晶体,同时又有新的晶核形成。

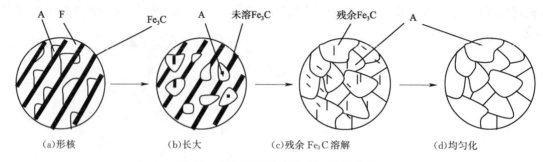

图 4-3　共析钢奥氏体形成过程示意图

(3)残余渗碳体的溶解:由于铁素体的碳浓度和结构与奥氏体大体相近,铁素体转变为奥氏体的速度远比渗碳体向奥氏体中的溶解快。

(4)奥氏体成分的均匀化:在渗碳体全部溶解完时,奥氏体的成分是不均匀的,需要保温一定时间,使碳原子充分扩散,以获得均匀的单相奥氏体组织。

2. 亚共析钢与过共析钢加热时奥氏体的形成

亚共析钢与过共析钢的室温平衡组织分别为"P+F"和"P+Fe$_3$C$_{II}$"。如果亚共析钢仅在A_{c1}~A_{c3}温度之间加热,加热后的组织是"A+F"两相共存,多了铁素体向奥氏体的转变过程;对过共析钢在A_{c1}~A_{ccm}温度之间加热,加热后的组织应为"A+Fe$_3$C$_{II}$"两相共存,多了二次渗碳体的溶解过程,这一过程为不完全奥氏体化。因此,亚共析钢要得到全部奥氏体需加热到A_{c3}以上,对过共析钢要在A_{ccm}以上,这一过程为完全奥氏体化。

4.2.2　细化奥氏体晶粒组织

加热时刚转变的奥氏体晶粒往往是细小的,如果继续升温和延长保温时间,奥氏体晶粒将会自发长大。奥氏体晶粒的大小将直接影响到冷却后的组织与性能。奥氏体晶粒越细,冷却后的组织也越细,不仅强度、硬度高,而且塑性、韧性也好,因此控制奥氏体晶粒长大对钢的热处理显得尤为重要。

为了获得细小的奥氏体晶粒,常需要控制奥氏体化温度和奥氏体化时间。若奥氏体化温度过高和保温时间过长,原子扩散速度增大,将都会导致奥氏体晶粒粗大,其中温度的影响更为显著。在一定含碳量范围内,随着碳含量的增加,奥氏体晶粒逐渐粗大,但当含碳量超过某一限度时,奥氏体晶粒反而变得细小。另外,钢的原始组织越细,则相界面越多,使奥氏体晶核的数量增加,有利于获得细晶粒组织。

4.3　钢在冷却时的组织转变

4.3.1　基本概念

1. 过冷奥氏体

奥氏体在临界点A_1以上是稳定相,冷却至A_1以下就变成了要发生组织转变的不稳定相,这样把在临界温度A_1以下尚未发生组织转变的不稳定奥氏体称为过冷奥氏体。

2. 过冷奥氏体的等温转变与连续转变

过冷奥氏体转变是在临界点以下某个温度下等温过程中发生的,称为过冷奥氏体的等温转变,而转变在连续冷却的过程中发生的称为过冷奥氏体的连续冷却转变,如图 4-4 所示。

过冷奥氏体等温冷却和连续冷却是工业生产中常用的两种热处理冷却方式。钢中过冷奥氏体在冷却过程中的转变规律常用过冷奥氏体等温转变图来描述,该图是表示转变产物与温度、时间之间的关系曲线,一般通过实验方法测定,每一种钢都有它的等温转变图,是选择和制订热处理工艺的重要依据。

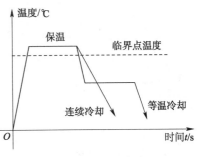

图 4-4　过冷奥氏体冷却曲线

4.3.2　共析钢过冷奥氏体等温转变曲线

1. 过冷奥氏体等温转变图

过冷奥氏体等温转变曲线是表示在不同温度下过冷奥氏体转变量与转变时间关系的曲线,由于通常不需要了解某时刻转变量的多少,而比较注重转变的开始和结束时间,因此常常将这种曲线绘制成温度—时间曲线,简称"C"曲线,如图 4-5 所示。

2. 等温转变图分析

根据过冷奥氏体在不同温度间的转变特点,将其分为三类:珠光体型转变、贝氏体型转变和马氏体型转变。转变产物取决于等温的温度。左侧 C 曲线为过冷奥氏体等温转变开始线,右侧 C 曲线为过冷奥氏体转变终了线。A_1 线为共析线,M_s 为过冷奥氏体向马氏体转变开始线,M_f 为过冷奥氏体向马氏体转变终了线。A_1 线以上为稳定奥氏体区,过冷奥氏体区、过渡区(过冷奥氏体与转变产物共存区)、转变产物区,如图 4-5 所示。M_s 线 M_f 线之间为过冷奥氏体向马氏体转变区。

共析钢过冷奥氏体等温转变的产物和性能见表 4-1。

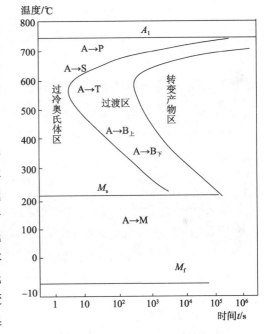

图 4-5　共析钢等温转变图

表 4-1　共析钢过冷奥氏体等温转变的产物和性能

转变类型	组织名称	形成温度/℃	组织特征	硬度/HBC
高温转变 (珠光体型)	珠光体(P)	＜ 650	铁素体和渗碳体组成粗片层状组织	180～200 HBW
	索氏体(S)	600～650	铁素体和渗碳体组成细片层状组织	25～35
	屈氏体(T)	550～600	铁素体和渗碳体组成极细片层状组织	35～40

转变类型	组织名称	形成温度/℃	组织特征	硬度/HBC
中温转变 (贝氏体型)	上贝氏体($B_上$)	350~550	呈暗灰色的羽毛状组织	40~45
	下贝氏体($B_下$)	220~350	呈黑色针叶状组织	45~55
低温转变 (马氏体型)	马氏体(M)	<230	$w_C<0.2\%$ 片状(板条状)马氏体组织	—
			$w_C>1.0\%$ 针状(竹叶状)马氏体组织	62~65

3. 组织性能分析

(1)珠光体型转变：屈氏体的强度、硬度最高，塑性与韧性最好；索氏体次之；最后珠光体。

例如：冷拔弹簧钢丝，等温处理成索氏体，变形量可达80%，强度达到3 000 MPa。

(2)贝氏体型转变：

① 上贝氏体($B_上$)：其渗碳体以不连续的细条状分布于平行排列的铁素体片层之间，强度低、塑性、韧性很差，生产上很少使用，显微组织呈羽毛状，如图4-6所示。

② 下贝氏体($B_下$)：其碳化物呈细小颗粒状或短杆状，均匀分布在针叶状的铁素体内。显微组织呈黑色针状(或竹叶片状)，如图4-7所示。通常强度与韧性较好，即具有良好的综合力学性能，等温淬火就是为了获得下贝氏体组织。

图4-6 上贝氏体显微组织

图4-7 下贝氏体显微组织

(3)马氏体型转变：

马氏体是碳在 α-Fe 中形成的过饱和固溶体，属于体心正方晶格。

马氏体是在 M_s~M_f 范围内不断降温中形成，冷却中断转变中止，转变量随温度的降低而增加；转变速度极快，不需要孕育期；A 向 M 的转变是一个体积膨胀过程，引起的内应力而会导致淬火变形与开裂，马氏体转变不可能完全进行到底，有一定量的残余奥氏体。

① 板条状马氏体是低、中碳钢和低、中碳合金钢淬火组织中的一种典型组织形态，显微组织如图4-8所示。它具有较高的强度和良好的韧性，即良好的综合力学性能。应用于综合力学性能好的零件，如发动机连杆及螺栓等。

② 针状马氏体具有较高的强度和硬度，但塑性、韧性差，硬而脆。含碳量较高的钢淬火时易得到该组织，显微组织如图4-9所示。主要应用于高硬度、高耐磨性的零件。

图 4-8　板条状马氏体显微组织

图 4-9　针状马氏体显微组织

相关链接

　　"马氏体"于十九世纪九十年代由德国冶金学家马滕斯(1850—1914)所发现,并以其名字命名。马氏体是将中、高碳钢加热到奥氏体温度并保温一段时间后经迅速冷却(淬火),随后进行与相应的回火配合,从而得到的能使钢强度、硬度增加及韧性提高的一种淬火组织。

4.4　钢的常用热处理方法

　　在机械零件或工具的制造过程中,经常将退火与正火作为预备热处理安排在铸、锻、焊之后,切削加工之前,用以消除前一道工序所带来的某些组织缺陷及内应力,改善材料的切削性能,为随后的切削加工及最终热处理工序做好准备。

4.4.1　钢的退火

　　退火是将工件加热到适当温度,保持一定时间,然后缓慢冷却(一般是随炉冷却)而获得接近平衡组织的热处理工艺。退火后的组织一般为珠光体组织。

　　退火的目的:

　　(1)降低硬度,提高塑性,改善切削加工性和压力加工性能,退火后的轴件车削如图 4-10 所示。

图 4-10　退火后的轴件车削

(2)细化晶粒,均匀钢的内部组织及成分,改善钢的性能或为后续热处理做准备。

(3)消除钢中的残余内应力,防止工件变形和开裂。根据钢的成分和退火目的的不同,退火可分为完全退火、球化退火和去应力退火等。

常见退火方法、温度、组织特点及应用见表4-2。

表 4-2　常见退火方法、温度、组织特点及应用

退火方法	退火温度	组织特点	应　用
完全退火	将钢加热到A_{c3}以上(30 ℃~50 ℃)完全奥氏体化,保温一定时间后随炉冷却的工艺方法	获得接近平衡组织,获得的组织为铁素体和珠光体	用于亚共析钢的铸件、锻件、焊接件、热轧型材等
球化退火	将钢加热到A_{c1}以上(20 ℃~30 ℃)保温一定时间,以不大于 50 ℃/h 的冷却速度冷却下来,获得钢中碳化物呈球状珠光体组织的工艺方法	得到的组织为铁素体基体上均匀分布着(颗粒)状的渗碳体	用于过共析钢和共析钢制造的工具、刃具、量具、模具及滚动轴承钢等
去应力退火	将钢加热到略低于A_1以下温度(一般取 500 ℃~650 ℃),保温一定时间后缓慢冷却的工艺方法	由于没有超过相变温度,因此不发生相变,主要是为了消除内应力	用于消除钢件在切削加工、铸造、热处理、焊接等过程中的残余应力,稳定尺寸

4.4.2　钢的正火

正火是将工件加热到A_{c3}或A_{ccm}以上(30 ℃~50 ℃),奥氏体化后保温适当的时间,在空气中冷却的热处理工艺。

正火的目的与退火基本相同。正火与退火的区别是正火冷却速度快,得到的珠光体组织晶粒较细(称为索氏体),硬度和强度较退火的高。一般正火操作方便,生产周期短,成本较低。

对于亚共析钢,正火的目的主要是细化晶粒,均匀组织,提高与改善力学性能。对共析钢和过共析钢,正火可消除网状渗碳体,为球化退火做好组织准备;对性能要求不高及一些大型或形状复杂的零件,淬火容易开裂,适用正火作为最终热处理。

退火与正火的选择可从以下三个方面考虑:

(1)切削加工性:作为预备热处理低碳钢正火优于退火,而高碳钢退火优于正火。

(2)使用性能:对于亚共析钢零件来说,正火处理比退火具有更好的力学性能。

(3)经济性:正火比退火的生产周期短,成本低,操作方便,故在可能的条件下应优先采用正火。

4.4.3　钢的淬火

淬火是将工件加热到奥氏体化温度后以适当方式冷却获得马氏体或贝氏体组织的热处理工艺。淬火的目的是得到马氏体或贝氏体组织,马氏体是一种硬度极高的组织;贝氏体性能的特点是硬度高,韧性好,具有优良的综合力学性能。所以淬火的目的是为了强化金属,提高钢的强度、硬度和耐磨性,在生产生活中使用的切削刀具、钳工工具(见图 4-11)、量具、模具等均需要淬火处理以提高其硬度。

1. 淬火加热温度

淬火加热温度根据钢的成分、组织和不同的性能要求来确定。钢的淬火加热温度一般需加热到相变点以上（30 ℃～50 ℃），要根据加热时的 Fe-Fe₃C 相图来进行确定，图 4-12 所示为碳钢的淬火加热温度范围（阴影线部分）即临界温度以上（30 ℃～50 ℃）。

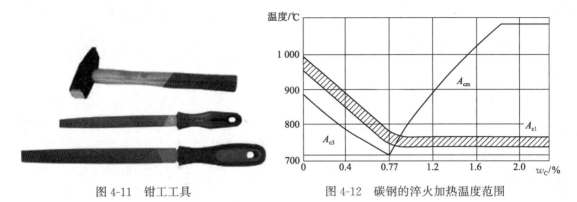

图 4-11　钳工工具　　　　　图 4-12　碳钢的淬火加热温度范围

2. 淬火冷却介质

生产中常用的冷却介质有水、盐水、碱水、水溶液、油，另外还有熔盐、熔碱等。用水作为冷却介质冷却速度快，易造成零件严重变形甚至开裂，因而碳素钢工件一般采用水淬，合金钢零件多采用油作为淬火介质。

（1）水：优点是在 550 ℃～650 ℃ 范围内有很大的冷却能力，且安全、价廉，对环境污染较小且易控制，易实现自动化；其缺点是在 200 ℃～300 ℃ 范围内冷却速度仍很快，易引起钢的淬裂。

（2）盐水：常用 5%～15% 的 NaCl 溶液，优点是可增加 550 ℃～650 ℃ 范围内的冷却能力，且基本上不改变 200 ℃～300 ℃ 时的冷却能力，可避免淬火软点，使硬度均匀。

（3）碱水：常用 5%～15% 的 NaOH 水溶液，优点是可增加 550 ℃～650 ℃ 范围内的冷速能力，基本不改变 200 ℃～300 ℃ 的冷却能力；缺点是腐蚀性大，化学稳定性差，易变质。

（4）油：优点是无论在高温 550 ℃～650 ℃，还是在低温 200 ℃～300 ℃，冷却中都很缓慢，且工件一般不易开裂；缺点是易燃，使用性质会逐渐改变，价格高。

3. 淬火方法

一般而言，碳素钢淬火用水冷，合金钢淬火用油冷。淬火方法是按冷却方式的不同划分的，主要有单液淬火、双液淬火、分级淬火和等温淬火等。其中，单液淬火法在生产中应用最广泛。

（1）单液淬火法：将加热的工件放入一种淬火介质中连续冷却至室温的操作方法。

特点：操作简单，易于实现自动化，适用于形状简单的工件，如图 4-13（a）所示。

（2）双液淬火法：将加热的碳钢先在水或盐水中冷却，冷到 300 ℃～400 ℃ 时迅速移入油中冷却，这种水淬油冷的方法称为双液淬火法。

特点：既可使工件淬硬，又能减少淬火的内应力，有效地防止产生淬火裂纹，主要用于形状复杂的高碳工具钢，如丝锥、板牙等，如图 4-13（b）所示。

（3）分级淬火法：分级淬火法是把加热好的工件先投入温度稍高于 Ms 点的盐浴或碱浴中快速冷却停留一段时间，待其表面与心部达到介质温度后取出空冷，使之发生马氏体转变，如图 4-13（c）所示。

特点：比双液淬火进一步减少了应力和变形，较容易操作。但由于盐浴、碱浴的冷却能力较小，故只适用于形状较复杂、尺寸较小的工件。

(4)等温淬火法:此法与分级淬火法相类似,只是在盐浴或碱浴中的保温时间要足够长,使过冷奥氏体等温转变为具有高强韧性的下贝氏体组织,然后取出空冷。

特点:由于淬火内应力小,能有效地防止变形和开裂,但此法缺点是生产周期较长又要求有一定设备,常用于薄、细而形状复杂的尺寸要求精确,并且要求强韧性高的工件,如成型刀具、模具和弹簧等,如图4-13(d)所示。

对于一些工具、刃具,如锉刀、铣刀、钻头及丝锥等,需要局部淬火的工件须将工件淬火部分垂直送入淬火剂中,不需淬火部分留在淬火剂外部,如图 4-14所示。

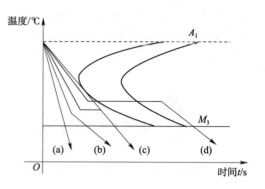

图 4-13 常用淬火方法示意图
(a)单液淬火;(b)双液淬火;
(c)马氏体分级淬火;(d)贝氏体等温淬火

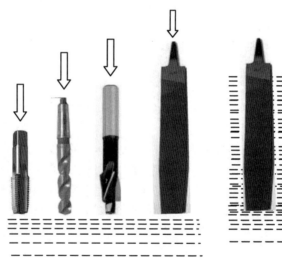

图 4-14 工具局部淬火方式

相关链接

早在公元前770年,我国古人在生产实践中就已发现,钢铁由于温度和加压变形的影响而发生性能上的变化。因此,铁器农具和钢铁兵器逐渐被使用,为了提高钢的硬度,淬火工艺又得到了迅速的发展。河北省易县燕下都出土的两把剑和一把戟,其显微组织中都含有马氏体,说明是经过淬火处理过的。

4.4.4 淬透性与淬硬性

1.淬透性

淬透性是指材料获得淬硬层深度的能力,淬透性越好,淬硬层越厚。一般规定从工件表层深入到半马氏体区(马氏体与非马氏体组织各占一半的地方易测定硬度)的深度为淬硬层深度。淬硬层越深,就表明钢的淬透性越好,如果淬硬层深度达到心部,则表明该钢全部淬透。

钢的淬透性好坏对于力学性能影响很大,但并非所有的机械零件都必须完全淬透。如承受弯、扭应力的轴类零件,只需一定深度的淬硬层就已满足使用要求。

淬火时零件截面上各处冷却是不相同的,表面冷却速度最快,越到心部冷却速度最慢,如图 4-15 所示。冷却速度大于临界冷却速度的表面部分,淬火后得到马氏体组织,心部没被淬透得到的是非马氏体组织。

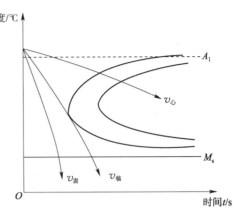

图 4-15 淬透性与冷却速度的关系

淬透性主要取决于钢的化学成分和淬火冷却方式。一般合金钢淬透性高于碳素钢,而含碳质量分数相同的碳素钢与合金钢淬硬性基本相同。除 Co 以外,大多数合金元素都能显著提高钢的淬透性。

2. 淬硬性

淬硬性是指钢经淬火后能获得的最高硬度,主要取决于钢中的碳含量,碳含量越高,获得的硬度越高。淬透性好的钢,它的淬硬性不一定好。如高碳工具钢与低碳合金钢相比,前者淬硬性好但淬透性差,后者淬硬性差但淬透性好。

工件淬火后虽然硬度很高,但由于内应力大不能直接使用,要及时回火以消除应力,只有与相应回火配合,才能大大提高钢的力学性能。

4.4.5 钢的淬火缺陷

在热处理生产中,由于淬火工艺控制不当,经常会产生变形与开裂、氧化与脱碳、过热与过烧、硬度不足和软点等缺陷。

1. 变形与开裂

变形是指在热处理过程中,引起的形状尺寸的偏差,淬火内应力过大,是造成变形与开裂的根本原因,因此应选择合理的工艺温度,以避免产生变形与开裂,齿轮淬火开裂如图 4-16 所示。

2. 氧化与脱碳

指钢在热处理过程中,氧原子与零件表面或晶界的铁原子发生化学反应称为氧化。在介质中加热时,钢中的碳溶解

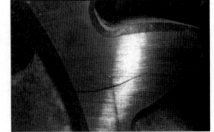

图 4-16 齿轮淬火开裂

形成 CO 或 CH_4 等气体散出,使钢的含碳量下降的现象称为脱碳。为防止氧化与脱碳,通常在盐浴炉中或在保护性气氛及真空炉中加热。

3. 过热与过烧

零件在热处理过程中,若加热温度过高或保温时间过长,则会引起奥氏体晶粒显著长大,这种现象称为过热,一般可用正火补救。若加热温度过高,使钢的晶界严重氧化或熔化,这种现象称为过烧。过烧会降低钢的力学性能,而且不能补救只能报废。

4. 硬度不足和软点

硬度不足是指零件上有较大区域内的硬度达不到技术要求规定标准,软点是指零件内有许多小区域的硬度不足。控制办法是保证淬火加热温度及保温时间,加快冷却速度。

4.4.6 钢的回火

回火是将淬火钢重新加热到低于临界温度(727 ℃)的某一温度,保温一定时间,然后以适当的冷却速度冷却到室温的热处理工艺。

1. 回火的目的

(1)消除残余应力,防止变形和开裂。

(2)调整工件硬度、强度、塑性和韧性,达到使用性能要求。

(3)稳定组织与尺寸,保证精度。

(4)改善和提高加工性能。

2. 回火的种类

钢件淬硬后,再加热到临界温度线以下某一温度,保温一定时间,然后冷却到室温的热处理工艺。回火是工件获得所需性能的最后一道热处理工序。按回火温度可分为低温回火、中温回火和高温回火。常用回火的方法、特点及应用见表4-3。

表4-3 常用回火的方法、特点及应用

方法	低温回火	中温回火	高温回火
工艺	工件在 250 ℃ 以下进行的回火	工件在 250 ℃～500 ℃ 进行的回火	工件在 500 ℃ 以上进行的回火
组织	回火马氏体(M$_{回}$)	回火屈氏体(T$_{回}$)	回火索氏体(S$_{回}$)
特点	保持淬火工件较高的硬度和耐磨性,降低淬火残余应力和脆性,硬度可达 58～64 HRC	得到较高的弹性和屈服点,以及适当的韧性,硬度可达 40～50 HRC	淬火＋高温回火又称调质处理,目的是为了得到强度、硬度、塑性和韧性都良好的力学性能,为后续热处理做组织上的准备,硬度可达 200～330 HBW
应用	刀具、量具、模具、滚动轴承、渗碳及表面淬火的零件等	弹簧、锻模和冲击工具等	广泛用于各种较重要的受力结构件,如连杆、螺栓、齿轮及轴类零件等

钢淬火后进行回火时,在不同温度阶段组织的转变是不同的,如 45 钢回火后的组织分别为回火马氏体(M$_{回}$)、回火屈氏体(T$_{回}$)、回火索氏体(S$_{回}$),其显微组织如图 4-17 所示。

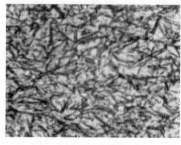 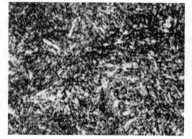 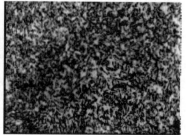

(a)回火马氏体　　　　　　　(b)回火屈氏体　　　　　　　(c)回火索氏体

图 4-17 45 钢的回火组织

4.4.7　钢淬火回火的应用

图 4-18 所示为柴油机曲轴连杆,要求该零件整个截面都具有良好的综合力学性能,较高的抗拉强度、疲劳强度及冲击韧性。通过淬火可以提高硬度,而且淬火组织中的马氏体和残留奥氏体是不稳定组织,它的变化会引起零件的变形。

图 4-18　曲轴连杆

淬火应力还将会引起零件的变形,甚至开裂。因此,需对淬火后的曲轴连杆进行适当调整,以改变其性能,这就需要对淬火后的零件进行回火。为提高综合力学性能,可选择淬火＋高温回火双重热处理,也称为调质处理。

　拓展延伸

M10 丝锥的热处理:

条件要求刃部具有高硬度、高强度和耐磨性,并具有足够的韧性。一般采用 9SiCr 钢制造。淬火加热温度一般为 860 ℃～880 ℃,加热设备采用盐浴炉,并且预先加热到 600 ℃～650 ℃,冷却时采用分级或等温淬火,并且淬火后立即回火,以减小变形、开裂。实际生产中采用 180 ℃～200 ℃ 保温,保温 30～45 min 后空冷。

4.5　钢的表面热处理

在冲击载荷及表面摩擦条件下工作的零件,如齿轮、凸轮、曲轴、活塞销等,这类零件表面需具有高硬度和耐磨性,而心部需要足够的塑性和韧性。在这种情况下,若采用前述的热处理方法,就很难满足要求,这类零件需要进行表面热处理。常见的表面热处理分为表面淬火与表面化学热处理两大类。

4.5.1　表面淬火

表面淬火是指仅对工件表面层进行的淬火。其目的是使工件表面具有高硬度、耐磨性而心部具有足够的强度和韧性。表面淬火一般包括感应淬火和火焰淬火等。

1. 感应淬火

感应淬火是利用感应电流通过工件所产生的热效应,使工件表面受到局部加热,并进行快速冷却的淬火工艺,高频感应加热设备如图 4-19 所示。感应电流透入工件表层的深度主要取决于电流频率的高低。频率越高,淬硬层深度越浅。这种处理异常迅速(几秒或几十秒),而且硬度高,氧化变形小,操作简便,容易实现机械化、自动化,轴类高频感应加热淬火如图 4-20 所示。

2. 火焰淬火

火焰淬火是利用氧气-乙炔火焰使工件表层加热并快速冷却的淬火工艺,如图 4-21 所示。其淬硬层深度一般为 2～6 mm,这种方法加热温度及淬硬层深度不易控制,淬火质量不稳定,但不需要特殊设备,故适用于单件或小批量的中碳钢、中碳合金钢制造的大型工件、机床导轨等,机床方轨表面火焰淬火如图 4-22 所示。

图 4-19　高频感应加热设备

图 4-20　轴类高频感应加热淬火

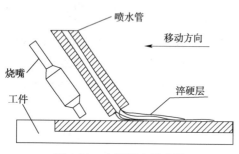

图 4-21　火焰淬火示意图

图 4-22　机床方轨表面火焰淬火

4.5.2　钢的化学热处理

　　钢的化学热处理是将工件置于适当的活性介质中加热、保温、冷却,使一种或几种元素渗入钢件表层,以改变钢件表面层的化学成分、组织和性能的热处理工艺。

　　化学热处理的种类很多,根据渗入元素的不同,可分为渗碳、渗氮和碳氮共渗等。

　　1. 渗碳

　　渗碳是把低碳钢工件放在渗碳介质中,加热到一定温度,保温足够长的时间,使表面层碳浓度升高的一种热处理工艺。根据渗碳介质不同,可分为固体渗碳、液体渗碳和气体渗碳,其中气体渗碳应用最广。渗碳通常采用含碳量 $0.15\%\sim0.20\%$ 的低碳钢或合金渗碳钢,渗碳后表层的含碳量可达 $0.80\%\sim1.05\%$。工件渗碳后必须淬火和低温回火,使表层获得高硬度和耐磨性,心部仍保持高塑性和韧性。主要用于承受较大冲击载荷并在严重磨损条件下工作的零件,如齿轮、活塞销和轴零件等,常用井式渗碳炉如图 4-23 所示。

图 4-23　井式渗碳炉

2. 渗氮（氮化）

渗氮是在一定温度下于一定介质中使氮原子渗入工件表层的化学热处理工艺。

目前应用最广的是气体渗氮。氮化以后工件硬度高（可达 1 000～1 200 HV），耐磨性高，氧化变形小并能耐热、耐腐蚀和耐疲劳等。氮化后不需要进行淬火处理，但工艺时间较长。

目前，化学热处理已从单元素渗发展到多元素复合渗，如碳氮共渗（氰化），使之具有综合的优良力学性能。

4.6　热处理新工艺简介

1. 形变热处理

形变热处理是将塑性变形同热处理结合在一起，以获得形变强化和相变强化综合力学性能的复合工艺方法。形变热处理方法很多，有高温形变热处理、低温形变热处理、等温形变热处理和形变化学热处理等。这种工艺方法不仅可以提高钢的强度和冲击韧性，还可以大大简化金属材料或零件的生产工艺流程。

2. 激光热处理

激光热处理是一种表面热处理技术，即利用激光束极快地加热金属材料表面实现表面热处理。激光加热具有极高的功率密度，即激光照射区域的单位面积上集中极高的功率。对工件表面进行扫描加热，瞬间使激光照射区域迅速升温到高温奥氏体状态。当激光束移过后迅速自冷完成淬火过程，并利用余热进行回火，激光热处理设备如图 4-24 所示。

激光淬火技术可以对各种机床导轨、大型齿轮、轴颈、汽缸套、曲轴、凸轮轴、减振器、摩擦轮、轧辊、滚轮、大型模具等零件进行表面强化处理，模具激光表面淬火强化如图 4-25 所示。

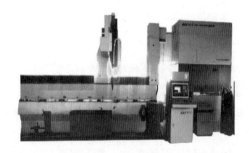

图 4-24　激光热处理设备　　　　图 4-25　模具激光表面淬火强化

3. 真空热处理

（1）真空热处理是将工件置于一定真空度的热处理炉中，可实现无氧化的热处理工艺，是真空技术与热处理技术相结合的新型热处理工艺，真空热处理设备如图 4-26 所示。

（2）真空热处理特点：

① 真空热处理可实现无氧化、无脱碳加热，并可在较高温度下进行工作。

② 有脱脂除气等作用，从而达到表面光亮净化的效果，如图 4-27 所示。

③ 零件经真空热处理后，畸变小，质量高。

④ 某些化学热处理如渗碳、渗氮、渗铬、渗硼，以及多元共渗速度较快、效率较高。

图 4-26　真空热处理设备

图 4-27　真空热处理零件

4. 可控气氛热处理

目前,热处理技术重点发展的方向是可控气氛热处理,即为达到无氧化、无碳化,按要求增碳的目的,在成分可以控制的热处理炉中,进行加热和冷却的热处理工艺。主要应用于碳素钢和一般合金结构钢件的光亮淬火、退火、渗碳、碳氮共渗、气体氮碳共渗。因此,可以说可控气氛热处理是先进的热处理技术。

真空热处理主要包括低真空、中等真空、高真空和超高真空热处理,可以实现几乎所有的常规热处理所能涉及的热处理工艺,但热处理质量却大大提高。可以实现无氧化、无脱碳、无渗碳,可去掉工件表面的磷屑,从而使表面光亮洁净,可控氮气保护气氛热处理炉如图 4-28 所示。

图 4-28　可控氮气保护气氛热处理炉

🔒 **相关链接**

提高金属强度的几种方法:

(1)细化晶粒:一种金属,多晶体的强度高于单晶体,即晶粒越细强度越高。

(2)形变强化:通过塑性变形,使晶粒拉长,造成内部缺陷,提高强度。

(3)固溶强化与弥散强化:在金属中加入合金元素,若形成固溶体,产生固溶强化;若形成细小均匀分布的金属化合物,则产生第二相强化。

(4)热处理:担负改善钢铁材料组织和性能的任务,是提高强度的主要手段。

4.7　典型零件热处理分析

热处理是机械制造过程中的重要工序。正确理解热处理的技术条件,合理安排零件的加工工艺路线,对于改善钢的切削加工性能,保证零件的质量,满足使用要求具有重要意义。

4.7.1　热处理技术条件的标注

根据零件的性能要求,在零件图样上标出热处理技术条件。其内容包括预先热处理和最终热处理方法及应达到的力学性能要求等,作为热处理生产及检验时的依据。一般零件都以硬度作为热处理的技术条件,对渗碳零件则应标注渗碳层深度,对某些性能要求较高的零件(如曲轴、主轴等)还必须标注出强度、塑性和韧性等力学性能或金相组织要求。

标注热处理技术条件时,可用文字和数字简要说明,也可用机械工业部专业标准所规定的热处理代号标注。

4.7.2 热处理工序位置安排

合理安排热处理工序位置,对保证零件质量和改善切削加工性能具有重要意义。按热处理的工序位置不同,分为预先热处理和最终热处理。其工序位置安排如下:

预先热处理包括退火、回火和调质等。一般安排在毛坯生产之后,切削加工之前,或粗加工之后,半精加工之前。调质处理的目的是为了获得良好的综合力学性能,为以后的热处理做组织上的准备。

最终热处理包括淬火、回火及表面热处理等。零件经这类热处理后,获得所需的使用性能,因其硬度较高,除磨削外,不宜进行其他形式的切削加工,故其工序位置一般均安排在半精加工之后。

有些零件工作性能要求不高,在毛坯时进行退火、正火或调质即可满足要求,这时退火、正火和调质也可作为最终热处理。

4.7.3 典型零件的热处理工序分析

汽车变速齿轮如图 4-29 所示。经过对齿轮的结构及工作条件的分析,该齿轮选用 20CrMnTi 的锻件毛坯。它的热处理技术条件如下:

图 4-29　汽车变速齿轮

渗碳层深度为 0.3～0.6 mm;齿面硬度为 58～62 HRC;心部硬度为 33～48 HRC。在生产过程中,齿轮加工工艺路线如下:

备料→锻造→正火→机械加工→渗碳→淬火＋低温回火→喷丸→校正花键孔→磨齿。

正火的作用是消除锻造应力、降低硬度,改善切削加工性能、细化晶粒,改善内部组织,为以后的热处理做准备。渗碳主要作用是为了保证齿轮表层的含碳量及渗层深度的要求,渗碳应安排在齿加工之后进行,渗碳工艺应根据热处理技术条件加以确定。

淬火＋低温回火的作用是达到齿面硬度及心部硬度,同时具有较高的强度和韧性,低温回火起到消除淬火应力和减少脆性的作用。

 拓展延伸

发蓝处理是一种表面氧化处理方法,主要应用于碳钢、低碳合金钢零件。发蓝处理时,将工件放在很浓的碱和氧化剂溶液中加热氧化,表面就生成一层厚约 0.6～0.8 μm 的四氧化三铁薄膜。由于零件的化学成分不同和操作上的不同,氧化薄膜有的呈蓝黑、黑、红棕、棕褐等不同的颜色,其组织紧密,能消除残余应力、防锈且具有一定的强度与韧性。

小　　结

(1)热处理是将固态金属或合金采用适当的方式进行加热、保温和冷却,以获得所需要的组织结构与性能的工艺。分为整体热处理、表面热处理、化学热处理和其他热处理等四类。

(2)马氏体型转变:低、中碳钢和低、中碳合金钢淬火组织为板条状马氏体;高碳钢、高合金钢淬火组织为针状马氏体。

(3)热处理名称、组织、硬度、用途比较表如下:

类别	名　称	组　织	硬　度	用　途
整体热处理	退火	片状或球状珠光体	176～260 HBW	铸、锻、焊后消除缺陷、降低硬度
	正火	较细片状珠光体	170～260 HBW	与正火相比成本低,作用相近,优选
	淬火	低碳板条马氏体 高碳针状马氏体	30～50 HRC 60～65 HRC	为回火做组织准备
	回火	回火马氏体	58～64 HRC	工具、滚动轴承、渗碳件、淬火工具
		回火屈氏体	30～50 HRC	弹簧、模具
		回火索氏体	200～330 HRC	重要结构件:轴、齿轮
表面热处理	感应加热淬火	表面细晶马氏体 心部回火索氏体	48～55 HRC 220～250 HRC	中碳,非合金钢、中碳合金钢的轴类、齿轮类零件
	渗碳	表面高碳马氏体 心部低碳马氏体+铁素体	60～64 HRC 30～40 HRC	低碳、非合金钢、低合金钢的受冲击和强烈磨擦的要零件
	渗氮	表面氮化物 心部回火索氏体	69～72HRC 250～280 HBS	要求高硬度、高精度的零件
热处理新工艺	形变热处理	是将塑性变形同热处理结合在一起,以获得形变强化和相变强化综合力学性能的复合工艺方法		
	激光热处理	是一种表面热处理技术,即利用激光束极快地加热金属材料表面实现表面热处理		
	真空热处理	真空热处理将将工件置于一定真空度的热处理炉中,可实现无氧化的热处理工艺		
	可控气氛热处理	以达到无氧化、无碳化,按要求增碳的目的,在成分可以控制的热处理炉中,进行加热和冷却的热处理		

复习题

一、名词解释:

热处理、淬硬性、淬透性、表面热处理、化学热处理、渗氮。

二、选择题

1. 调质处理是(　　)的热处理。

　　A. 淬火+高温回火　　B. 淬火+中温回火　　C. 淬火+低温回火

2. 零件渗碳后,一般需经(　　)处理,才能达到表面高硬度高耐磨性的目的。

　　A. 淬火＋低温回火　　　B. 正火　　　　　　　C. 调质

　　3. 低温回火常用于(　　)中温回火常用于(　　)高温回火常用于(　　)的热处理。

　　A. 刃、量、模具等　　　B. 弹簧等　　　　　　C. 重要传动件等

　　4. 化学热处理与其他热处理方法的根本区别是(　　)。

　　A. 加热温度　　　　　　B. 组织变化　　　　　C. 改变表面化学成分

　　5. 制造手用锯条应当选用(　　)。

　　A. T12 钢淬火和低温回火

　　B. 45 钢经淬火和低温回火

　　C. 65 钢淬火后中温回火

　　6. 在生产中应用最广泛的淬火方法是(　　)。

　　A. 单液淬火法　　　　　B. 双液淬火法　　　　C. 等温淬火法

　　7. (　　)是指钢经淬火后能获得的最高硬度,主要取决于钢中的碳含量,碳含量越高,获得的硬度越高的最高硬度。

　　A. 淬透性　　　　　　　B. 淬硬性　　　　　　C. 红硬性

三、判断题

　　1. 低碳钢可用正火代替淬火,以改善其切削加工性能。　　　　　　　　　　　　　(　　)

　　2. 调质处理的主要目的是提高钢的综合力学性能。　　　　　　　　　　　　　　(　　)

　　3. 只要化学成分一定,材料的强度与塑性就不变了。　　　　　　　　　　　　　(　　)

　　4. 钢经渗碳处理后,硬度马上提高。　　　　　　　　　　　　　　　　　　　　(　　)

　　5. 一般说来,碳素钢用油做淬火介质,合金钢用水做淬火介质。　　　　　　　　(　　)

四、简答题

　　1. 正火和退火的主要区别是什么? 生产中如何选择正火与退火?

　　2. 工件淬火后为什么一定要回火?

　　3. 为什么经调质后的工件比正火后的工件具有较好的力学性能(在同一硬度下相比)。

　　4. 哪些零件需要表面热处理? 常用的表面热处理方法有哪几种?

　　5. 渗碳的主要目的是什么? 碳渗后需要进行何种热处理?

五、应用题

　　1. 现有 20 钢和 40 钢制造的齿轮各一个,为提高齿面硬度和耐磨性,宜采用何种热处理工艺?

　　2. 甲乙两厂同时生产一种 45 钢的零件,硬度要求为 220～50 HBS。甲厂采用正火处理,乙厂采用调质处理,都达到硬度要求,试分析甲乙两厂产品的组织和性能差异。并分析采用哪种热处理工艺更合理?

　　3. 现有 T12 钢制造的丝锥,成品硬度要求 60HRC 以上,加工工艺路线为:轧制—热处理—机加工—热处理—机加工。试写出上述热处理工序的方法及其作用。

第 5 章
常用合金钢材料

学习目标

- 掌握合金钢的分类、性能特点和牌号。
- 明确特殊性能钢的分类、性能特点和牌号。
- 初步掌握合金材料的选用方法。

5.1 低合金钢与合金钢

非合金钢价格低,容易生产和便于加工,可以通过热处理来改变其性能,但是非合金钢淬透性差,强度低,耐腐蚀性与耐高温性差,回火抗力差和材料的基本相软等一些缺点。为此,为了提高或改善钢的力学性能、工艺性能或使钢具有某些特殊的物理性能和化学性能,经常需要加入一定量的合金元素(铁和碳除外),这样便构成了合金钢。

5.1.1 低合金钢与合金钢的划分

低合金钢与合金钢是按所含合金元素的质量分数进行划分的,合金元素的规定含量界限值见表 5-1。合金元素的质量分数对于低合金钢和合金钢均有各自相应界限范围。

若 Cr、Cn、Mo、Ni 四种元素,有其中 2～4 种元素同时出现在钢中时,对于低合金钢,所含合金元素质量分数的总和应不大于表中对应元素最高界限值总和的 70%。否则即使所含每一种元素的质量分数低于规定的最高界限值也应划入合金钢。

表 5-1 低合金钢与合金钢合金元素规定含量界限值

合金元素	规定含量界限(质量分数%)		合金元素	规定含量界限(质量分数%)	
	低合金钢	合金钢		低合金钢	合金钢
Al	不规定	≥0.10	Nb	0.02～0.06	≥0.06
B	不规定	≥0.000 5	Pb	不规定	≥0.40
Bi	不规定	≥0.10	Sc	不规定	≥0.10
Cr	0.3～0.50	≥0.50	Si	0.50～0.90	≥0.90

合 金 元 素	规定含量界限(质量分数%)		合 金 元 素	规定含量界限(质量分数%)	
	低合金钢	合金钢		低合金钢	合金钢
Co	不规定	≥0.10	Te	不规定	≥0.10
Cn	0.10～0.50	≥0.50	Ti	0.05～0.13	≥0.13
Mn	1.00～1.40	≥1.40	W	不规定	≥0.10
Mo	0.05～0.10	≥0.10	V	0.04～0.12	≥0.12
Ni	0.30～0.50	≥0.50	Zr	0.05～0.12	≥0.12
La 系(混合稀土含量总量) (每一种元素)	0.02～0.05	≥0.05	其他规定元素 (S、P、C、N　除外)	不规定	≥0.05

5.1.2　低合金钢与合金钢的分类

在国家标准 GB/T 13304.1—2008 中,按化学成分、主要质量等级、主要性能及使用特性,将钢分为非合金钢(碳钢)、低合金钢、合金钢三大类。其中,非合金钢(碳钢)已在第 3 章中介绍,以下主要介绍低合金钢与合金钢。

1. 低合金钢

(1)按质量等级分类:

① 普通质量低合金钢是指不规定在生产过程中需要特别控制质量的钢($w_S \geq 0.045\%$、$w_P \geq 0.045\%$),用于一般用途的低合金钢、低合金钢钢筋钢和铁道用一般低合金钢等。

② 特殊质量低合金钢是指在生产过程中需要特别严格控制质量和性能(特别是严格控制硫、磷等杂质含量应比普通质量合金钢低)的低合金钢。一般用于可焊接低合金高强度结构钢、锅炉和压力容器用低合金钢、造船用低合金钢、汽车用低合金钢、桥梁用低合金钢、易切削结构钢和铁道用低合金钢。

③ 优质低合金钢是指除普通质量低合金钢和特殊质量低合金钢以外的低合金钢($w_S \leq 0.020\%$、$w_P \leq 0.020\%$),包括低温用低合金钢、核能用低合金钢及舰船等专用特殊低合金钢。

(2)按主要性能及使用特性分类:

可焊接的低合金高强度结构钢、低合金耐候钢、低合金钢钢筋、低合金铁道钢、矿用低合金钢及其他低合金钢。

2. 合金钢

(1)按质量等级分类:

① 优质合金钢是指在生产过程中需要特别严格控制质量和性能,但其生产控制和质量要求不如特殊质量合金钢严格的合金钢。

② 特殊质量合金钢是指在生产过程中需要特别严格控制质量和性能的合金钢,除优质合金钢以外的其他合金钢都为特殊质量合金钢。

(2)按主要性能及使用特性分类:

① 工程结构用钢是指含碳量不超过 0.25% 的低碳钢,且多在热轧或正火状态下使用。主要包括一般工程结构用合金钢、合金钢筋、高锰耐磨钢等。

② 机械结构用合金钢是指适用于制造机器和机械零件的合金钢。主要包括合金结构钢、表面硬化结构钢、合金调质钢和合金弹簧钢等。

③ 不锈、耐腐蚀和耐热钢是指耐空气、蒸汽、水等弱腐蚀介质或具有不锈性的合金钢。主要包括不锈钢、抗氧化钢和热强钢等。

④ 工具钢是指以制造切削工具、刃具、量具、模具的合金钢。主要包括合金工具钢及高速工具钢等。

⑤ 轴承钢是指用来制造滚珠、滚针、滚柱和轴承套圈的合金钢。主要包括高碳铬轴承钢和高碳铬不锈轴承钢等。

⑥ 特殊物理性能钢是指具有特殊磁性、电性、弹性、膨胀性等的合金钢。如软磁钢、永磁钢和无磁钢等

⑦ 其他合金钢，如焊接用合金钢及锅炉用合金钢等。

3. 按用途分类

(1)合金结构钢是指用于制造机械零件和工程结构的合金钢。主要包括低合金高强度钢、合金渗碳钢、合金调质钢、合金弹簧钢及滚动轴承钢。

(2)合金工具钢是指用于制造量具、刃具及模具的合金钢。

(3)特殊性能钢是指具有特殊物理、化学性能的合金钢，如不锈钢、耐热钢和耐磨钢等。

5.1.3 合金钢的牌号

1. 机械结构用合金钢和工程用结构合金钢

这类钢主要包括合金渗碳钢、合金调质钢和合金弹簧钢，其牌号均采用两位数字（碳含量）＋元素符号（或汉字）＋数字来表示。前面两位数字表示平均含碳量万分数，元素符号表示钢中含有主要合金元素，其后面的数字表示合金元素含量。凡合金元素含量<1.5%时不标出，如果平均含量为1.5%～2.5%时，则标为2；如果平均含量为2.5%～3.5%时标为3；依次类推。

如60Si2Mn钢为合金弹簧钢，平均含碳量为0.60%，主要合金元素为含量在1.5%～2.5%的硅和小于1.5%的锰；18Cr2Ni4WA钢为合金渗碳钢，平均含碳量为0.18%、含铬量为2%、含镍量为4%、含钨量为小于1.5%、硫与磷含量较少。

2. 合金工具钢

合金工具钢，其牌号以"一位数字（或没有数字）＋元素符号＋数字＋…"表示。其编号方法与合金结构钢大体相同，区别在于含碳量的表示方法，当碳含量≥1.0%时，则予以标出。如平均含碳量<1.0%时，则在钢号前以千分数表示它的平均含碳量。

如9CrSi钢为量具钢，平均含碳量为0.90%，合金元素铬、硅，含量均小于1.5%；Cr12MoV为冷模具钢，平均含碳量为1.45～1.70%、合金元素铬11.5～12.5%、钼为0.40～0.60%、钒为0.15～0.30%。

3. 高锰耐磨钢

其牌号为"ZG＋Mn＋数字"，其中ZG为"铸钢"汉语拼音字首，数字表示平均含锰量的百分数，如ZGMn13-1表示含锰量为13%，序号为1的高锰耐磨钢。

4. 高速工具钢

高速工具钢的牌号与合金结构钢相同，但牌号首部均不标明含碳量的数字，为了区别牌号可

在首部加 C 表示高碳高速工具钢,如 W18Cr4V、W6Mo5Cr4V2、CW18Cr4V 等。

5. 特殊性能钢

特殊性能钢的牌号和合金工具钢的牌号标示相同。如不锈钢 2Cr13 表示含碳量为 0.20%,含铬量为 12.5%～13.5%。但也有少数例外,如耐热钢 20Cr3W3NbN,其编号方法和结构钢相同,但这种情况极少。

6. 轴承钢

轴承钢的牌号前标以"G"字,其后为铬(Cr)＋数字,数字表示铬含量平均值的千分数,可分为高碳轴承钢、渗碳轴承钢、高碳铬不锈轴承钢和高温轴承钢。如 GCr15 为高碳铬轴承钢,平均含铬量为 1.5% 的滚珠轴承钢;GCr15SiMn 为高碳铬轴承钢,平均含铬量为 1.5%,含硅、锰量均小于 1.0% 的滚珠轴承钢;G20CrNiMoA 为渗碳轴承钢,牌号首部加"G"外与合金结构钢牌号相同,"A"为高级。

7. 易切削钢

牌号前标以"Y"字,如 Y40Mn 表示平均含碳量约 0.4%,含锰量小于 1.5% 的易切削钢,如 16MnR 表示平均含碳量为 1.6%,含锰量小于 1.5% 的容器用钢。

🔒 相关链接

在钢中加入一定数量的硫、磷、铅、钙、硒、碲等易切削元素,可以改善其切削加工性,从而得到易切削钢,又称自动机床加工用钢,简称自动钢。这类钢可以用较高的切削速度和较大的切削深度进行切削加工。由于钢中加入的易切削元素,使钢的切削抗力减小,同时易切削元素本身的特性和所形成的化合物起润滑切削刀具的作用,所以易断屑,减轻了磨损。

5.1.4　钢铁及合金牌号统一数字代号体系简介

钢铁及合金牌号统一数字代号体系(GB/T 17616—2013)规定了钢铁及合金产品统一数字代号的编制、结构、分类、管理及体系表等内容。

统一数字代号有固定的六个符号组成,"××××××"。

第一位"×"前缀字母(一般不用 I 和 O)代表不同的钢铁及合金类型;"A×××××"表示合金结构钢,如 A22422 等;"B×××××"表示轴承钢,如 B03150 等;"C×××××"表示铸铁;"E×××××"表示电工用钢;"L×××××"表示低合金高强度钢;"S×××××"表示不锈钢和耐热钢;"T×××××"表示工具钢等。

每一个统一数字代号只适合于一个产品牌号;相应地,每一个产品牌号只对应一统一数字代号。当产品牌号取消后,原对应的统一数字代号不再分配给另一个产品牌号。

第二位"×"为 0～9 代表各类钢铁及合金细分类,每一个数字所代表的的含义不同。如在非合金钢中,数字"1"代表非合金一般结构及工程结构钢;数字"2"代表非合金钢机械结构钢;在合金结构钢中,数字"0"代表 Mn、MnMo 系钢;数字"1"代表 SiMn、SiMnMo 系钢;数字"4"代表 CrNi 系钢;在低合金钢中,数字"0"代表低合金一般结构及工程结构钢。

后面四位"××××"代表不同分类内的编组和同一编组内的不同牌号的区别顺序号(各类型材编组不同),如"L03455"等。

5.2 低合金钢

低合金钢是在碳素结构钢的基础上加入了少量(总含量不超过 3%)的合金元素而得到的钢，可分为低合金高强度结构钢、低合金耐候钢及低合金专用钢。

1. 低合金高强度结构钢

低合金高强度结构钢的含碳量较低，一般 $w_C \leqslant 0.2\%$，这类钢是在碳素结构钢的基础上加入少量合金元素形成的，故名低合金结构钢。它具有良好的塑性、韧性和可焊性，较低的韧脆转变温度和良好的耐蚀性。通常都是优质或高级优质合金结构钢，主要用于各种工程结构及机械零件，如桥梁(见图 5-1)、建筑、船舶、车辆、铁道、高压容器、液化气钢瓶、氧气钢瓶、管道、大型结构等，液化气钢瓶与氧气瓶如图 5-2 所示。

图 5-1　钢结构桥梁

图 5-2　液化气钢瓶与氧气瓶

常用低合金高强度结构钢的牌号及应用见表 5-2。

表 5-2　常用低合金高强度结构钢的牌号及应用

牌　号	质量等级	统一数字代号	力学性能(不小于)				应　　用
			R_m/MPa	R_{eL}/MPa	A/%	KV_2/J	
Q345	A	L03451	470～630	≥345	≥20	—	用于制造桥梁、船舶、车辆、管道、锅炉、各种容器、油罐、电站、厂房结构及低温压力容器等
	B	L03452				≥34	
	C	L03453					
	D	L03454			≥21		
	E	L03455					
Q390	A	L03901	490～650	≥390	≥20	—	用于制造锅炉汽包、中高压石油化工容器、桥梁、船舶、起重机、较高负荷的焊接件和连接构件等
	B	L03902				≥34	
	C	L03903					
	D	L03904					
	E	L03905					

续表

牌　号	质量等级	统一数字代号	力学性能（不小于）				应　用
			R_m/MPa	R_{eL}/MPa	A/%	KV_2/J	
Q420	A	L04201	520～680	≥420	≥19	—	用于制造高压容器、重型机械、桥梁、船舶、机车车辆、锅炉及其他大型焊接结构件等
	B	L04202				≥34	
	C	L04203					
	D	L04204					
	E	L04205					

另外，在大型工程结构件上常用的牌号还有 Q460、Q500、Q550、Q620、Q690 等。

低合金高强度结构钢一般在热轧退火或正火状态下使用，以发挥材料力学性能的潜力，此类钢焊接成构件后不再进行专门的热处理，这类钢中常加入锰、硅等元素以提高钢的强度，在强度级别较高的低合金结构钢中，也加入铬、钼、硼等元素，主要是为了提高钢的淬透性，以便在空冷条件下得到比碳素钢更高的力学性能。

例 Q345A（原 16Mn）是我国低合金高强度结构钢中用量最多、产量最大的钢种，如南京长江大桥钢梁就是采用 Q345A 建造的。现行国家标准 GB/T 1591—2018 增设了 Q355、Q500、Q550、Q620、Q690，取消了 Q295、Q345。

2. 低合金耐候钢

低合金耐候钢是指在低碳非合金钢的基础上加入少量铜、铬、镍等元素，使钢表面形成一层保护膜。还可以添加微量的铌、钒、钛、钼、锆等合金元素以增强耐大气腐蚀性能。可分为高耐候钢、焊接耐候钢，主要用于车辆、塔架、车辆、建筑和集装箱等，货运集装箱如 5-3 所示。常用低合金耐候钢的牌号及应用见表 5-3。

图 5-3　货运集装箱

表 5-3　常用低合金耐候钢的牌号及应用

类　别	牌　号	状　态	应　用
高耐候钢	Q295GNH、Q355GNH	热轧	用于车辆、集装箱、建筑、塔架或其他结构件等，具有良好的耐大气腐蚀性能
	Q265GNH、Q310GNH	冷轧	
焊接耐候钢	Q235NH、Q295NH、Q355NH、Q415NH、Q460NH、Q500NH、Q550NH	热轧	用于车辆、集装箱、建筑、塔架或其他结构件等，具有良好的焊接性能

3. 低合金专用钢

低合金专用钢是指为了满足某些行业的特殊需要，对低合金高强度结构钢的化学成分、生产工艺及性能进行相应的调整和补充，从而形成了门类较多的低合金专用钢，包括汽车用低合金钢、锅炉、压力容器用合金钢、铁道用低合金钢及矿用低合金钢等。

（1）汽车用低合金钢：在低碳钢中，通过单一或复合添加铌、钒、钛等微量合金元素，形成碳氮化合物粒子进行强化,同时通过微合金元素的细化晶粒作用,从而获得较高的强度。

主要用于制造汽车纵梁、横梁、托架及车壳等构件等,卡车纵梁如图5-4所示。常用牌号为370L、420L、09MnREL、06TiL、08TiL、16MnL、16MnREL等。

(2)锅炉、压力容器用合金钢:由于锅炉处在中温、高压状态下工作,除了承受高压外,还受到冲击、疲劳载荷及水蒸气的腐蚀。因此,在制造时要选用具有一定强度和足够韧性的合金钢,以保证在正常工作条件下承受外载荷而不发生脆断,燃气锅炉如图5-5所示。常用牌号为Q345R、Q370R、18MnMoNbR、13MnNiMoR、15CrMoR、14Cr1MoR、12Cr2Mo1R、12Cr1MoVR等。

图5-4　卡车纵梁　　　　　　　　　　　图5-5　燃气锅炉

(3)铁道用低合金钢:用于制造铁路用辗钢整体车轮和铁路钢轨等,铁路钢轨如图5-6所示。常用牌号为U71Mn、U71MnSi、U71MnSiCu、U75V、U76NbRE、U70Mn等。

(4)矿用低合金钢:主要用于制造矿用结构件、煤矿机械,如图5-7所示。常用牌号为M510、M540、M565、20MnK、25MnK、20MnVK、20Mn2A、20MnV、25MnV等。

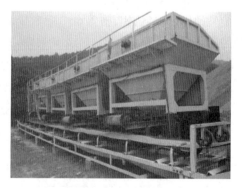

图5-6　铁路钢轨　　　　　　　　　　图5-7　煤矿机械

5.3　合金结构钢

合金结构钢是指机械制造用合金钢,主要用于制造各种机械零件,是用途广、产量大、牌号多的一类钢,大多数需经热处理后才能使用。按用途及热处理特点可分为合金渗碳钢、合金调质钢、合金弹簧钢、滚珠轴承钢和超高强度钢等。

5.3.1 合金渗碳钢

合金渗碳钢是指用于制造渗碳零件的钢。有许多机构中的零件要求表面有足够高的硬度及耐磨性,而心部又要求具有足够的韧性。为满足这样的性能要求,可采用合金渗碳钢。其含碳量为 0.12%~0.25%,以保证心部有足够高的塑性和韧性,常加入铬、镍、锰、硅、硼等合金元素,以提高钢的淬透性。其热处理方法是在渗碳后淬火加低温回火,使零件表层和心部都得到强化,从而达到表面高硬度、高耐磨性、心部高强度及足够韧性。

主要用于制造汽车、拖拉机中承受动载荷、重载荷和强烈磨损的变速箱齿轮、后桥齿轮等。一般来说,要求表面具有高硬度、耐磨性,心部具有较高强度和足够韧性的零件,都可采用渗碳钢。图 5-8 所示为 20CrMnTi 汽车渗碳齿轮。常用合金渗碳钢的牌号、性能和应用见表 5-4。

图 5-8 汽车渗碳齿轮

表 5-4 常用合金渗碳钢的牌号、性能和应用

牌　　号	力学性能(不小于)					应　　用
	R_m/MPa	R_{eL}/MPa	A/%	Z/%	KV_2/J	
20Cr	835	540	10	40	60	齿轮、轴、凸轮、活塞销等
20MnVB	1 080	885	10	45	70	重型机床齿轮和轴、汽车后桥齿轮等
20CrMnTi	1 080	835	10	45	70	汽车、拖拉机上变速齿轮和传动轴等
20Cr2Ni4	1 175	1 080	10	45	80	大型齿轮和轴,也可用来制造调质件等

5.3.2 合金调质钢

合金调质钢用于制造重载作用下同时承受冲击载荷作用的一些重要零件。钢中含碳量一般为 0.25%~0.50%,常加入铬、锰、硅、镍、硼等合金元素,以提高钢的淬透性。

合金调质钢一般的热处理方法是淬火加高温回火也称为调质处理,目的是获得良好的综合力学性能,以满足高强度、良好的塑性和韧性的需求。若除了要求材料具有良好的综合力学性能外,还要求表层有良好的耐磨性,对调质处理零件还需进行表面淬火及低温回火处理。40Cr 是最常用的合金调质钢,其强度比 40 钢高 20%,常用于制造各类机械轴类、齿轮、曲轴、连杆等,机床主轴如图 5-9 所示。常用合金调质钢的牌号、性能和应用见表 5-5。

图 5-9 机床主轴

表 5-5 常用合金调质钢的牌号、性能和应用

牌　　号	统一数字代号	力学性能(不小于)				应　　用
		R_m/MPa	R_{eL}/MPa	A/%	Z/%	
40MnB	A71402	780	635	12	45	齿轮转向拉杆、齿轮、花键轴等
40Cr	A20402	980	785	9	45	齿轮、套筒、轴、进气阀等

续表

牌　　号	统一数字代号	力学性能(不小于)				应　　用
		R_m/MPa	R_{eL}/MPa	A/%	Z/%	
40MnB	A71402	980	785	10	45	汽车转向轴、平轴、蜗杆等
40CrNi	A40402	980	785	10	45	重载齿轮、燃气轮机叶片、转子、轴等
40CrMnMo	A34402	980	785	10	45	承载荷轴、齿轮、连杆等

5.3.3　合金弹簧钢

主要用于制造各种机构、仪表的弹性元件。钢中含碳量一般为 0.45%～0.70%,常加入锰、硅、铬、钒、钨等合金元素,以提高钢的淬透性。热处理方法是淬火后进行中温回火处理,目的是使钢具有较高的弹性极限和较高的疲劳强度,而且又具有更高的高温强度、韧性及良好的表面质量。主要用于制造机械弹性零件,如弹簧、螺旋弹簧及板簧等,汽车板弹簧及强力弹簧如图 5-10 所示。

图 5-10　汽车板簧及强力弹簧

常用合金弹簧钢的牌号、性能和应用见表 5-6。

表 5-6　常用合金弹簧钢的牌号、性能和应用

牌　　号	统一数字代号	力学性能(不小于)				应　　用
		R_m/MPa	R_{eL}/MPa	A/%	Z/%	
55CrMn	A22553	1 225	1 080	9	20	汽车、拖拉机、机车减振板簧、机车升弓钩弹簧、安全阀门弹簧及 230 ℃以下工作的弹簧等
60Cr2Mn	A11603	1 570	1 370	5	20	
50CrV	A23503	1 275	1 130	10	40	用于制造较大截面的高载荷重要弹簧阀门弹簧、活塞弹簧、喷油嘴管、安全阀弹簧等
55SrMnVB	A77552	1 375	1 225	5	30	重型、中型、小型汽车板簧、螺旋弹簧,可代替 60Cr2Mn 使用

5.3.4　滚珠轴承钢

用于制造各种滚动轴承的滚动体和内外套圈的专用钢,也常用于制造刀具、冷冲模具、量具以及性能要求与滚动轴承相似的零件。应用最广的轴承钢是高碳高铬钢,含碳量一般为 0.95%～1.15%,主加合金元素铬的含量为 0.60%～1.65%,同时添加锰、硅、钼、钒等,一般经球化退火、淬火和低温回火等热处理方法,使钢具有较高的接触疲劳强度、硬度和耐磨性,较高的弹性极限和一定的冲击韧性,并有一定的抗蚀性,图 5-11 所示为滚动压力球轴承。常用滚动合金钢的牌号、热处理和用途见表 5-7。

图 5-11　滚动压力球轴承

表 5-7　常用滚动轴承钢的牌号、热处理和应用

牌　号	统一数字代号	热处理温度			应　用
		淬火/℃	回火/℃	回火后的硬度/HRC	
G8Cr15	B00151	850～860	150～170	61～64	制造壁厚≤12 mm、外径≤250 mm 的轴承内、外圈及滚针等
GCr15	B00150	825～845	150～170	61～65	制造壁厚<20 mm 的中小型套圈,直径<50 mm 的钢球
GCr15SiMn	B01151	820～840	150～170	61～65	制造壁厚<30 mm 的大中型套圈,直径 50～100 mm 的钢球
GCr15SiMo	B03150	830～850	150～170	61～65	制造高速列车、矿山机械和冶金机械的轴承

5.3.5　超高强度钢

超高强度钢是指屈服强度大于 $1\,300$ N/mm^2、抗拉强度大于 $1\,400$ MPa 的钢,是在合金调质钢的基础上,加入多种合金元素发展起来的钢种,广泛应用于航空、航天工业。如超音速飞机机体构件采用的 40SiMnCrWMoRE 钢,可以工作在 $300\,℃～500\,℃$ 时仍能保持高强度、抗氧化性和抗热疲劳性。飞机起落架如图 5-12 所示,采用的 35Si2MnMoVA 钢,其抗拉强度可达 $1\,700$ MPa。另外,还应用于对性能有特殊要求的领域,如火箭发动机壳体及防弹钢板等。

图 5-12　飞机起落架

相关链接

中国从五十年代开始研究和生产超高强度钢,超高强度钢必须具有高的抗拉强度和保持足够的韧性,还要求比强度(强度与密度之比)大和屈强比高。作为飞机起落架还必须强调要减轻构件的重量,而且材料要有良好的焊接性能和成形性能等工艺性能。

5.4　合金工具钢

合金工具钢可以分为非合金(碳素)工具钢和合金工具钢两种。非合金工具钢容易加工,价格便宜,但是淬透性差,淬火时容易变形和开裂,而且当切削过程温度升高时容易软化(红硬性差)。因此,尺寸大、精度高和形状复杂的模具、量具以及切削速度较高的刀具,都要采用合金工具钢来制造,合金工具钢按用途可分为合金刃具钢、模具钢和量具钢。

5.4.1　合金刃具钢

合金刃具钢是指主要用来制造各种刃具的钢,按用途可分为低合金刃具钢和高速钢。

1. 低合金刃具钢

低合金刃具钢是指在碳素钢的基础上加入少量合金元素形成的一类钢,其硬度、耐磨性、强度和淬透性都高于碳素工具钢,但由于元素加入量不大(一般为 3%～5%),一般工作温度不得超过 300 ℃。

低合金刃具钢含碳量为 0.75%～1.5%。主加元素一般有铬、硅、锰、钨、钒等元素,目的是为了提高淬透性,主要适用于制造形状复杂的刀具,如车刀、刨刀、钻头和铰刀等。常用最终热处理的方法是淬火加低温回火。9SiCr 和 CrWMn 是最常用的低合金刃具钢。

2. 高速钢

高速钢是指用于制造较高速度切削工具的钢,是一种含有钨、铬、钒等多种元素的高合金工具钢。它的红硬性高达 600 ℃,有较高的强度、硬度、耐磨性和淬透性。

高速钢含碳量一般为 0.7%～1.65%,主要用于制造切削速度较高,形状复杂且负载较重的成形刀具,如各种车刀、铣刀、拉刀、钻头、丝锥及板牙等,各类高速钢成形刀具如图 5-13 所示。此外,高速钢还可用于制造冷冲模、冷挤压模及某些耐磨零件。常用的高速钢有钨系高速钢,如 W18Cr4V;钼系高速钢,如 W6Mo5Cr4V2 等。

图 5-13　各类高速钢成形刀具

5.4.2　合金模具钢

合金模具钢是指主要用来制造各种模具的钢。根据条件不同,模具钢可分为冷作模具钢、热作模具钢和塑料模具钢三种类型。

1. 冷作模具钢

冷作模具钢是指用于制造冷态金属成形的模具,如冷冲模、冷压模等,常用来制造冷冲压零件,如图 5-14 所示。其性能特点是高硬度和高耐磨性,并具有足够的强度、韧性和疲劳强度,常见冷作冲压模如图 5-15 所示。冷作模具钢的最终热处理是淬火＋低温回火。小型冷变形模具钢可用碳素钢和低合金工具钢来制造,如 T10A、T12、9SiCr、CrWMn、9Mn2V 和 GCr15 等。大型冷模具一般采用 Cr12 和 Cr12MoV 等高碳高铬钢制造。

2. 热作模具钢

热作模具钢用于制造金属在高温下成形的模具,如热锻模、热挤压模、压铸模等。热作模具钢性能特点是在高温下能保持较高的热强性和红硬性、高温耐磨性和高抗氧化性,并且还具有较高的抗热疲劳性和导热性,常见热锻凸、凹模具如图 5-16 所示。热作模具钢含碳量一般为 0.3%～0.6%,主加元素有铬、锰、镍、钼、钨、钒等,以提高钢的淬透性,其最终热处理一般为淬火后中温或高温回火。常用热锻模为 5CrMnMo、5CrNiMo,热挤压模和压铸模为 3Cr2W8。

<table>
<tr><td>图 5-14　冷冲压零件</td><td>图 5-15　冷作冲压模具</td></tr>
</table>

3. 一般塑料模具钢

可采用 45 钢正火和 40Cr 调质处理后制造,但由于模具硬度低、耐磨性差、表面粗糙度值高,加工出来的塑料产品外观质量较差,模具的使用寿命低;对于精密塑料模具及高硬度塑料模具,如果采用 CrWMo、Cr12MoV 等合金工具钢制造,不仅机械加工性能差,而且难以加工复杂的内腔,同时也无法解决热处理变形等问题。因此,塑料模具对材料的强度和韧性要求往往比冷作模具钢和热作模具钢要求的低,但同时也要求塑料模具钢应具有良好的切削加工性、耐磨性、抛光性和刻蚀性、耐腐蚀性,且材料热处理变形要小等特点,瓶盖塑料模具如图 5-17 所示。常用的材料牌号包括 08Cr4NiMoV、20Cr、12CrNi2、12CrNi3、5CrMnMo、42CrMo、40CrMo、3Cr2MnNiMo、40Cr5MoSiV1 等。

<table>
<tr><td>图 5-16　热锻凸、凹模具</td><td>图 5-17　瓶盖塑料模具</td></tr>
</table>

5.4.3　合金量具钢

量具钢是用于制造测量工具的钢,如游标卡尺、千分尺、塞规、量规和样板等,它们的工作部分要求高硬度、高耐磨性、高尺寸稳定性和足够的韧性。

量具没有单独的专用钢种,一般的量具可以用碳素工具钢、合金工具钢和滚动轴承钢来制造。精度要求较高的量具,一般采用微变形钢制造,如 CrWMn、CrMn、GCr15 等。量具钢经淬火后要在 150 ℃~170 ℃长时间进行保温回火和冷处理,以稳定尺寸。另外,在精磨前进行时效处理,以进一步稳定尺寸,消除内应力。常见量具游标卡尺如图 5-18 所示,千分尺如图 5-19 所示。常用合金工具钢性能和应用见表5-8。

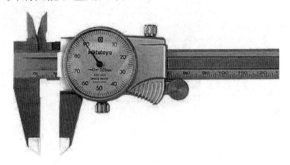

图 5-18　游标卡尺　　　　　　　　　　　图 5-19　千分尺

表 5-8　常用合金工具钢性能和应用

类　别	牌　号	性　能	应　用
低合金刃具钢	9SiCr	高硬度、高耐磨性、高淬透性、变形小	冷冲模、板牙、丝锥、钻头、铰刀、拉刀、齿轮铣刀等
	CrWMn		精密丝杠、丝锥等
高速钢	W180Cr4V	高热硬性、高硬度、高耐磨性、高强度	车刀、钻头、铣刀、铰刀、板牙、丝锥、扩孔钻、拉丝模、锯片等
	W6Mo5Cr4v2		插齿刀、铣刀、丝锥、钻头等
冷作模具钢	9SiCr, GCr15	高硬度耐磨性、高淬透性、强度韧性好、变形小	小尺寸、形状简单、受力不大的模具等
	Cr12,Cr12MoV		截面大、负荷大的拉丝模、冷冲模、冷剪刀、细纹滚模等
热作模具钢	5CrNiMo	高温下强度韧性高,耐磨性及抗热疲劳性好	大热锻模尺寸大的压铸模及热挤压模
	3Cr2W8V		
塑料模具钢	42CrMo 5CrMnMo	机械加工后,可进行调质处理,使模具具有良好的力学性能	适宜制造中型模具,且有较高的疲劳极限,低温冲击性好,适宜制造要求一定强度和韧性的大、中型塑料模具
量具钢	CrMn、GCrl5	高硬度、高耐磨性、高尺寸稳定性和足够的韧性	游标卡尺、千分尺、塞规,高精度量规或块规
	CrWMn		高精度、形状复杂的量规或块规

5.5　特殊性能钢

特殊性能钢是指具有特殊物理、化学性能的钢。在机械制造中常用的特殊性能钢有不锈钢、耐热钢和耐磨钢等。

5.5.1　不锈钢

不锈钢是不锈耐酸钢的简称,在空气和弱腐蚀介质中能抗腐蚀能力强的钢,常用的不锈钢主要有铬不锈钢和铬镍不锈钢。

1. 铬不锈钢

铬不锈钢主要用于制造在海水、蒸汽和酸性环境下工作的零件,常见牌号有 1Cr13、2Cr13、3Cr13 和 4Cr13,称为 Cr13 型不锈钢,常用最终热处理方法是淬火＋低温回火。1Cr13、2Cr13 适于制造汽轮机叶片、水压机阀等;3Cr13、4Cr13 适于制造弹簧、医疗器械及在弱腐蚀条件下工作的零件。

2. 铬镍不锈钢

铬镍不锈钢主要用于制造在强腐蚀介质(硝酸、磷酸、有机酸及碱水溶液等)中工作的设备,常见的牌号为 0Cr19Ni9、1Cr18Ni9。铬镍不锈钢主要适于制造吸收塔、贮槽、管道及容器等。常见不锈钢管件及日常生活用品如图 5-20、图 5-21 所示。

图 5-20　常见不锈钢管件　　　　　　　　图 5-21　常见日常生活用品

相关链接

第一次世界大战时期,英国冶金科学家亨利布雷尔利受政府军部兵工厂委托,研究武器改进工作,当时步枪枪膛极易磨损,便研发了一种不易磨损的不锈钢,于是在 1916 年取得了英国专利权后便开始大量生产。至此,不经意发现的不锈钢便风靡世界,同时他也被誉为"不锈钢之父"。

5.5.2　耐热钢

钢的耐热性是指高温抗氧化性和高温强度的总称,耐热钢通常分为抗氧化钢和热强钢。其中,抗氧化钢主要用于长期在高温下不起氧化皮、强度要求不高的零件。

耐热钢主要适用于高温强度的汽油机和柴油机的排气阀、汽轮机叶片、转子等,如加热炉底板、高压锅炉、汽轮机、电加热热处理炉、内燃机及渗碳箱等,工业电热处理炉如图 5-22 所示,常用牌号有 4Cr9Si2、1Cr13SiAl。热强钢在高温下不但有良好的抗氧化性,而且具有较高的高温强度,常用牌号有 15CrMo、4Cr14Ni4WMo 等。

图 5-22　工业电热处理炉

5.5.3　耐磨钢

耐磨钢主要用于承受严重磨损和强烈冲击的零件,如车辆履带、球磨机衬板、破碎机颚板、挖土机铲齿、铁路道岔辙叉等。目前,最常用的耐磨钢是高锰钢,它的含碳量约为 0.9%～1.4%,含锰质量分数约为 11%～14%,因而牌号写成 ZGMn13-1,即铸造高锰钢,这种钢只有在受到很强冲击和压力而变形的条件下,表面产生强烈的硬化,使其硬度显著提高,从而获得耐磨性,而心部保持较高的塑性和韧性。由于高锰钢极易加工硬化,使切削加工困难,故高锰钢零件大多采用铸成型。用高锰钢制造的挖土机铲齿及铁路道岔辙叉如图 5-23、图 5-24 所示。

图 5-23　挖土机铲齿

图 5-24　铁路道岔辙叉

 拓展延伸

　　高锰钢耐磨、耐冲击的原因是在热处理后得到单相奥氏体组织,为了使高锰钢获得单相奥氏体组织,应进行"水韧处理",即将钢加热到 1 000 ℃～1 100 ℃,保温一定时间,使钢中碳化物全部溶解,然后迅速水淬,在室温下获得均匀单一的奥氏体组织。此时,钢的硬度不高,韧性很好。

小　结

　　(1)常用合金结构钢的类别、牌号、成分、热处理、性能及应用见下表。

类　别		常用牌号	成　分	热处理	性　能	应　用
低合金结构钢		Q345	低碳低合金	一般不用	良好塑性、焊接性,高强度	各种重要工程结构
机械结构钢	渗碳钢	20CrMnTi	低碳合金	渗碳＋淬火	表面硬心部韧	强烈冲击磨擦零件
	调质钢	40Cr	中碳合金	淬火＋高温回火	良好综合性能	重载的受冲击零件
	弹簧钢	60Si2Mn	高碳合金	淬火＋中温回火	高弹性极限	大尺寸重要弹簧
	滚动轴承钢	GCr15	高碳铬钢	一般不用	高硬度、耐磨性	滚轴元件及工模具
	超高强度钢	35Si2MnMoVA	中碳合金	正火后高温回火	高强度、塑性、韧性好,抗热性好	飞机起落架、框架等

　　(2)常用合金工具钢的类别、牌号、成分、热处理、性能及应用见下表。

类　别		常用牌号	成　分	热处理	性　能	应　用
刃具钢	低合金刃具钢	9SiCr	高碳低合金	淬火＋低温回火	60～65 HRC	低速刃具简单量具
	高速钢	W18Cr4V	高碳高合金	淬火＋560℃三次回火	63～64 HRC,热硬性600℃	高速刀具及模具等

续表

类　别		常用牌号	成　分	热处理	性　能	应　用
模具钢	冷作模具钢	Cr12	高碳高铬	淬火＋低温回火	62～64 HRC	冷作模具
	热作模具钢	5CrMnMo	中碳合金	淬火＋高温回火	40～50 HRC	热作模具
	塑料模具钢	42CrMo	中碳合金	淬火＋高温回火	30～45 HRC	塑料模具
量具钢		CrWMn	高碳低合金	淬火＋低温回火	60～65 HRC	高精度量具

复 习 题

一、名词解释

高速钢、不锈钢、耐热钢。

二、选择题

1. 能用于制造渗碳零件的材料是（　　）。

　　A. T12 钢　　　　　　　B. 20CrMnTi　　　　　C. 10 钢

2. 用作建筑、桥梁等金属构件应选用（　　）。

　　A. 45 钢　　　　　　　　B. T10 钢　　　　　　　C. Q235

3. 下列钢中属于合金工具钢的是（　　）。

　　A. T10 钢　　　　　　　B. ZGMn13-1　　　　　C. W18Cr4V

4. 作坦克履带的材料（　　）。

　　A. 9SiCr　　　　　　　　B. 4Cr13　　　　　　　C. ZGMn13-1

5. 用于制作钻头、锉刀和刮刀等零件应选用（　　）。

　　A. 45 钢　　　　　　　　B. T12　　　　　　　　C. 20CrMnTi　　　　　D. Q235

6. 柴油机曲轴选用（　　），C620 车床主轴选用（　　）。

　　A. 45 钢　　　　　　　　B. ZGMn13-1　　　　　C. 38CrMoAl　　　　　D. 08F

7. 汽车板弹簧选用（　　）。

　　A. 45 钢　　　　　　　　B. 60Si2Mn　　　　　　C. 2Cr13　　　　　　　D. 9SiCr

8. 机床床身选用（　　）。

　　A. Q235　　　　　　　　B. T10A　　　　　　　　C. 45 钢　　　　　　　D. T8

三、填空题

1. 低合金结构钢按质量等级分类可分为（　　　　）、（　　　　）和（　　　　）三类。此类钢是一种低碳、低合金的钢,具有高的屈服强度和良好的塑性和韧性,具有良好的（　　　　）和一定的（　　　　）,因此广泛用于桥梁、船舶和车辆等领域,如用（　　　　）制造桥梁、汽车大梁、船舶等。

2. 20Cr 钢渗碳齿轮要求其表面有高的（　　　　）、高的（　　　　）和心部具有良好的（　　　　）。

3. 40Cr 是最常用的（　　　　）钢,其强度比 40 钢提高（　　　　）%。

4. 60Si2Mn 是（　　　　）钢,可用于制造（　　　　）;GCr15 是（　　　　）钢,可用于制造

（　　　　　）。

5. 合金工具钢按用途可分（　　　　　）、（　　　　　）和（　　　　　）。

6. W18Cr4V 是（　　　　　）钢，含碳量是（　　　　　），可制造（　　　　　）。

7.（　　　　　）和（　　　　　）是最常用的低合金刃具钢。

四、判断题

1. 合金钢因为含有合金元素，所以比碳钢的淬透性差。　　　　　　　　　　　（　　）

2. 大部分合金钢淬透性比碳钢好。　　　　　　　　　　　　　　　　　　　　（　　）

3. 40Cr 是常见的合金调质钢。　　　　　　　　　　　　　　　　　　　　　（　　）

4. 20CrMnTi 是合金弹簧钢。　　　　　　　　　　　　　　　　　　　　　　（　　）

5. GCr15 是滚动轴承钢，但又可以制造量具。　　　　　　　　　　　　　　　（　　）

五、指出下列牌号的含义。

20CrMnTi、40Cr、GCr15、60Si2Mn、W18Cr4V、Cr12MoV、9CrSi、3Cr2W8、CrWMn。

六、简答题

1. 高锰钢 ZGMn13 为什么耐磨而且又有很好的韧性？

2. 为什么汽车变速箱齿轮采用 20CrMnTi 钢制造，而机床上同样是变速齿轮却采用 45 钢或 40Cr 钢制造？

七、应用题

试为下列机械零件或用品选择合适的钢种及牌号。

1. 推土机履带；2. 木工锯条；3. 汽车齿轮；4. 机床主轴；5. 麻花钻头；6. 手术刀。

第 6 章

常用铸铁材料

学习目标

- 掌握铸铁的分类、性能特点、牌号和选用。
- 了解铸铁石墨化的概念及影响因素。

6.1 铸 铁 概 述

铸铁是指含碳量大于2.11%的铁碳合金。铸铁具有良好的铸造性能、切削加工性能、耐磨性及减振性,经合金化处理后还具有良好的耐热性和耐蚀性,同时生产工艺简单,价格便宜,在工业生产中广泛应用。

6.1.1 铸铁的分类

一般铸铁的含碳量为2.5%~4.0%,其中也含有硅、锰、硫、磷等杂质元素,有时也加入一定量的其他合金元素后获得合金铸铁,以改善铸铁的某些性能。

(1)根据碳在铸铁中的存在形式和形态不同,铸铁可分为白口铸铁、灰口铸铁和麻口铸铁。

① 白口铸铁:碳、硅的含量较低,碳主要以渗碳体形式存在,断口呈银白色,凝固时收缩大,易产生缩孔、裂纹。硬度高、脆性大,不能承受冲击载荷,多用作炼钢的原料,或制造轧辊、球磨机的衬板及农机具等。

② 灰口铸铁:碳主要以片状石墨形式存在,按基组织可分为铁素体、铁素体+珠光体、珠光体三种。

③ 麻口铸铁:碳主要以渗碳体形式存在,少部分以石墨形式存在,断口呈灰白色。这种铸铁有较大的脆性,工业上很少使用。

(2)根据铸铁中化学成分的不同,铸铁还可以分为普通铸铁、合金铸铁。

① 普通铸铁:包括灰铸铁、可锻铸铁、球墨铸铁和蠕墨铸铁等。

② 合金铸铁:包括耐磨铸铁、耐热铸铁和耐蚀铸铁等。

6.1.2　铸铁的石墨化

铸铁组织性能与内部组织密切相关,由于铸铁中的含碳量与含硅量较高,因此铸铁中的碳大部分不再以渗碳体形式存在,而是以游离的石墨状态存在,铸铁中石墨的形成过程称为石墨化过程。

1. 石墨化的途径

铸铁中的石墨可以从过共晶成分的液相中直接结晶出一次石墨,还可以从奥氏体中直接析出二次石墨和二次渗碳体,在此温度区间分解形成石墨。另外就是共析转变时,形成的共析石墨和共析渗碳体退火时分解形成的石墨。

2. 影响铸铁石墨化的因素

铸铁的组织取决于石墨化进行的程度,为了获得所需要的组织,需控制石墨化进行的程度。而铸铁化学成分及结晶时的冷却速度是影响石墨化的主要因素。

(1)化学成分的影响:

铸铁中常见的 C、Si、Al 、Ni、Mn、Cn、P、S 等,其中 C、Si 是强烈促进石墨化的元素,因此两者含量越高,析出的石墨越多,石墨片也越大;另外,S、W、Mo、Al、Mn、V 等是强烈阻碍石墨化的元素。因此,不同元素对铸铁石墨化的作用不同。

(2)冷却速度的影响:

一般来说,铸件冷却速度趋缓慢,就有利于扩散,使析出的石墨增大、扩散越充分。相反冷却速度越快,碳原子无法扩散,则阻碍石墨化,最终获得白口铸铁。尤其是在共析阶段的石墨化,由于温度较低,冷却速度增大,原子扩散更困难,因此在通常情况下,共析阶段的石墨化难以充分进行。

3. 铸铁的组织与性能的关系

铸铁的力学性能主要取决于基体的组织和石墨的形态、数量、大小以及分布状态,其中基体的组织一般可通过不同的热处理加以改变力学性能。另外,石墨在铸铁中可起到吸震和自润滑作用。由于石墨对基体有严重割裂,所以铸铁的抗拉强度和塑性几乎为零。这样,就可以把分布在钢基体上的石墨看作是不同形态和数量的微小裂纹钢或孔钢。这些孔洞的钢如同"海绵体"一样,这些孔洞破坏了基体的连续性,但对铸铁抗压强度影响不大。虽然石墨降低了铸铁的抗拉强度和塑性,但也给铸铁带来了一系列的优良性能,如良好的铸造性能、切削加工性能,以及良好的减磨性、减振性及较低的缺口敏感性等。

 拓展延伸

铸铁的力学性能主要取决于基体的组织和石墨的形态、数量、大小及分布的状态。基体组织可以通过不同的热处理进行改变,但石墨要获得细小而分布均匀的状态,只能通过在石墨化时对其析出过程加以控制。

铸铁、陶瓷、混凝土及石头都是脆性材料。这些材料在拉伸试验方面的性能较弱,通常采用压缩试验进行评定力学性能指标。

6.2　常用铸铁材料

6.2.1　灰铸铁

灰铸铁是生产中应用最广泛的铸铁。由于断口呈暗灰色,故称灰铸铁。其化学成分一般为 $w_C = 2.7\% \sim 3.6\%$, $w_{Si} = 1.0\% \sim 2.2\%$, $w_S < 0.15\%$, $w_P < 0.3\%$。灰铸铁中的碳主要以片状石墨的形式存在,其牌号以"HT"加数字组成,其中"HT"是"灰"与"铁"的汉语拼音字首,数字表示其最低的抗拉强度值。如 HT100,表示最低抗拉强度为 100MPa 的灰铸铁。

灰铸铁的组织由金属基体和片状石墨两部分组成,石墨化程度不同,基体组织中的含碳量也不同。石墨化越充分,则基体中的含碳量就越低,这样便形成了三种不同的基体组织的灰铸铁,即铁素体灰铸铁(铁素体+片状石墨),其显微组织如图 6-1 所示;铁素体+珠光体灰铸铁(铁素体+珠光体+片状石墨),其显微组织如图 6-2 所示;珠光体灰铸铁(珠光体+片状石墨),其显微组织如图 6-3 所示。

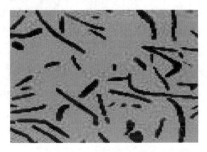

图 6-1　铁素体灰铸铁

图 6-2　铁素体+珠光体灰铸铁

灰铸铁一般广泛用来制作各种承受载荷及减振的床身、机架以及结构复杂的箱体壳体和经受摩擦的导轨、缸体等,图 6-4～图 6-6 所示分别为灰铸铁暖气片、机床床身座、阀体。

图 6-3　珠光体灰铸铁

图 6-4　灰铸铁暖气片

拓展延伸

灰铸铁浇注零件毛坯时,由于表面冷却比心部快,这样表面容易产生白口组织,导致硬度过高,而心部在冷却较缓慢的条件下,容易生成灰铸铁,硬度就相对低。要消除白口组织可以采用高温软化处理。

图 6-5 灰铸铁机床床身座

图 6-6 灰铸铁阀体

常见灰铸铁的牌号、力学性能及应用见表 6-1。

表 6-1 常见灰铸铁的牌号、力学性能及应用

牌号	R_m/MPa(不小于)	硬度/HBW	应 用
HT100	100	143～229	用于制造低负荷和不重要的零件,如外罩、手轮、支架和重锤等
HT150	150	163～229	用于制造承受中等负荷零件,如汽轮机、泵体、轴承座和齿轮箱等
HT200	200	170～241	用于制造承受较大负荷的零件,如气缸、齿轮、液压缸、阀壳、飞轮、床身、活塞、制动鼓、联轴器和轴承座等
HT250	250	170～241	
HT300	300	187～255	用于制造承受高负荷的重要零件,如齿轮、凸轮、车床卡盘、剪床和压力机的机身、床身、高压液压缸及滑阀壳体等
HT350	350	197～269	

6.2.2 可锻铸铁

可锻铸铁俗称玛钢、玛铁,其化学成分一般为 $w_C = 2\% \sim 2.8\%$、$w_{Si} = 1.2\% \sim 1.8\%$、$w_{Mn} = 0.4\% \sim 0.6\%$、$w_P < 0.1\%$、$w_S < 0.25\%$。可锻铸铁是用白口铸铁经长期退火后获得的,其中石墨呈紧密的团絮状,大大减轻了对基体的割裂作用,该铸铁强度较高,韧性好。在生产上根据可锻铸铁的断口特征不同又分为三种:

(1)铁素体可锻铸铁:基体主要为铁素体,断口呈黑绒色并带有灰色外圈,故称黑心可锻铸铁,具有一定的强度、塑性和韧性,其显微组织如图 6-7 所示。

(2)铁素体+珠光体可锻铸铁,其显微组织如图 6-8 所示。

(3)珠光体可锻铸铁:具有较高的强度、硬度和耐磨性,但塑性、韧性较低,其显微组织如图 6-9 所示。目前,我国主要使用的是铁素体可锻铸铁和少量珠光体可锻铸铁。

可锻铸铁的牌号由"KTH"、"KTZ"及后面的两组数字组成,其中"KT"代表"可铁","H"代表黑心,"Z"代表以珠

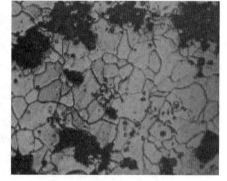

图 6-7 铁素体可锻铸铁

光体为基体,其后两组数字分别表示最低抗拉强度值和最低延伸率。如 KTH300-06 为黑心可锻铸铁,最低抗拉强度为 300 MPa,最低延伸率为 6%。常见可锻铸铁的牌号、力学性能和应用见表 6-2。

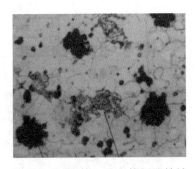

图 6-8　铁素体＋珠光体可锻铸铁

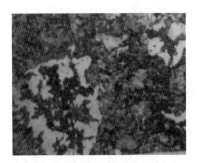

图 6-9　珠光体可锻铸铁

表 6-2　常见可锻铸铁的牌号、力学性能和应用

基体类别	牌　号	R_m/MPa	A/%	硬度/HBW	应　用
		不小于			
铁素体	KTH300-06	300	6	≤150	汽车、拖拉机的后桥外壳、转向机构、弹簧钢板支座等,机床上用的扳手,压阀门、管接头和农具等
	KTH330-08	330	8		
	KTH350-10	350	10		
	KTH370-12	370	12		
珠光体	KTZ450-06	450	6	150~200	曲轴、连杆、齿轮、凸轮轴、摇臂和活塞环等
	KTZ550-04	550	4	180~250	
	KTZ650-02	650	2	210~260	
	KTZ700-02	700	2	240~290	

　　可锻铸铁具有铁液处理简单、质量稳定、容易组织流水生产、低温韧性好等特点,尤其在球墨铸铁出现之前,可锻铸铁曾广泛使用,但由于生产率低、生产成本高,故现在有被球墨铸铁取代的趋势,广泛应用于管道配件和汽车、拖拉机制造以及制造形状复杂、承受冲击载荷的薄壁中小型零件,可锻铸铁水暖件与钢绳线卡器如图 6-10 所示。

图 6-10　可锻铸铁水暖件、钢绳线卡器

 拓展延伸

　　可锻铸铁中石墨呈团絮状,对基体割裂作用较小,因此力学性能比灰铸铁高,塑性和韧性好,与相应含碳量的锻钢相当,可以部分代替碳钢而由此得名。可锻铸铁实际并不可锻压。其基体组织不同,性能也不同,其中黑心可锻铸铁具有较高的塑性和韧性,而珠光体可锻铸铁具有较高的强度、硬度和耐磨性。

6.2.3 球墨铸铁

球墨铸铁是指其中的碳大部分或几乎全部以球状石墨形式存在的铸铁,其化学成分一般为 $w_C = 3.6\% \sim 3.9\%$、$w_{Si} = 2.0\% \sim 2.8\%$、$w_{Mn} = 0.6\% \sim 0.8\%$、$w_P < 0.1\%$、$w_S < 0.07\%$,是用白口铸铁经长期退火后获得的,其他是一定成分的铁水经球化处理和孕育处理后获得的均匀细小球状石墨的铸铁。根据球墨铸铁的基体组织不同,可分为三种:

(1)铁素体球墨铸铁,显微组织由铁素体和球状石墨组成,如图 6-11 所示。

(2)铁素体＋珠光体球墨铸铁,显微组织由铁素体、珠光体和球状石墨组成,如图 6-12 所示。

(3)珠光体球墨铸铁,显微组织由珠光体和球状石墨组成,如图 6-13 所示。

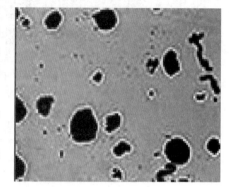

图 6-11　铁素体球墨铸铁

图 6-12　铁素体＋珠光体球墨铸铁

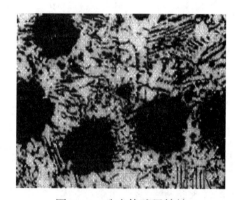

图 6-13　珠光体球墨铸铁

由于球墨铸铁对金属基体的割裂作用很小,其力学性能比灰铸铁和可锻铸铁高,其抗拉强度、塑性、韧性与相应基体组织的铸钢相近,而成本接近于灰铸铁,并保留了切削加工性、铸造性能、减振性和耐磨性等灰铸铁的优良性能。因此,球墨铸铁一出现,就得到了广泛的使用,如柴油机曲轴、减速箱齿轮、皮带轮以及轧钢机轧辊等,图 6-14 所示为球墨铸铁曲轴及三角皮带轮。

图 6-14　球墨铸铁曲轴及三角皮带轮

球墨铸铁可以采用不同的热处理工艺改变基体组织,从而改变球墨铸铁的力学性能。经退火处理,提高球墨铸铁的塑性和韧性,改善切削加工性能,消除内应力,可经正火处理,提高球墨铸铁的强度和耐磨性;还可以经调质处理,获得较好的综合力学性能;若经高温淬火处理,球墨铸铁可获得高强度、高硬度、高韧性相结合的综合力学性能。

　　球墨铸铁的牌号由"QT"(球铁拼音字首)及后面的两组数字组成,分别表示最低抗拉强度值和最低延伸率。如 QT400-18,表示铁素体铸铁,最低抗拉强度为 400 MPa,最低延伸率为 18%。常见球墨铸铁的牌号、力学性能和应用见表 6-3。

表 6-3　常见球墨铸铁的牌号和应用

基体类型	牌号	R_m/MPa	R_{eL}/MPa	A/%	硬度/HBW	应　　用
铁素体	QT400-18	400	250	18	130～180	阀体、汽车内燃机零件和机床零件
	QT400-15	400	250	15	130～180	
	QT450-10	450	310	10	160～210	
铁素体+珠光体	QT500-7	500	320	7	170～230	机油泵齿轮、机车车辆轴瓦
	QT600-3	600	370	3	190～270	
珠光体	QT700-2	700	420	2	225～305	柴油机曲轴、凸轮轴、气缸体、气缸套、活塞环、部分磨床及车床的主轴等
	QT800-2	800	480	2	245～335	
下贝氏体	QT900-2	900	600	2	280～360	拖拉机减速齿轮及柴油机凸轮轴等

6.2.4　蠕墨铸铁

　　蠕墨铸铁是从 20 世纪 60 年代发展起来的一种新型铸铁材料,其化学成分一般为 $w_C=3.5\%\sim3.9\%$、$w_{Si}=2.2\%\sim2.8\%$、$w_{Mn}=0.4\%\sim0.8\%$、$w_S<0.1\%$、$w_P<0.1\%$。

　　与球墨铸铁类似,蠕墨铸铁是液态铁水经蠕化处理和孕育处理后得到的,其石墨呈蠕虫状、短而厚、端部圆滑、分布均匀,显微组织由基体与蠕虫状石墨组成(见图 6-15),其基体组织与球墨铸铁类似。其力学性能介于灰铸铁和球墨铸铁之间,热疲劳强度高,具有接近灰铸铁的优良铸造性。它主要应用于一些经受热循环载荷,常用蠕化剂有稀土硅铁镁合金、稀土硅铁合金、稀土硅铁钙合金等。蠕墨铸铁的牌号用"RuT"加一组数字表示,如 RuT 420 表示抗拉

图 6-15　蠕墨铸铁的显微组织

强度不低于 420 MPa 的蠕墨铸铁。常见蠕墨铸铁的牌号、性能和应用见表 6-4。

表 6-4　常见蠕墨铸铁的牌号、性能和应用

牌号	R_m/MPa	R_{eL}/MPa	A/%	硬度/HBW	应　　用
	不小于				
RuT420	420	335	0.75	200～280	活塞环、气缸套及制动盘等
RuT380	380	300	0.75	193～274	
RuT340	340	270	1.0	170～249	重型机床件,大型齿轮箱体、盖、座及飞轮等
RuT300	300	240	1.5	140～217	排气管、变速箱体、气缸盖、液压件、纺织机零件及钢锭模等
RuT260	260	195	3	121～197	增压器废气进气壳体及汽车底盘零件等

6.2.5 合金铸铁

随着生产科技的发展,对铸铁不仅要求有更高的力学性能,而且还要求具有某些特殊性能,如耐磨性、耐热性和耐蚀性等。为此,在普通铸铁中加入合金元素就可以得到其特殊性能。

1. 耐磨铸铁

向铸铁中加入一定的 P、B、V 或 Ti 等元素,使铸铁组织中形成大量均布的高硬度显微夹杂物,大大提高了铸铁的耐磨性。向铸铁中加入 Cr、Mo 和 Cu 等元素使基体组织细化和强化,也能提高耐磨性。Cr、Mo、Cu 合金铸铁主要用在汽车、拖拉机、精密机床方面以及要求较高的大型柴油机汽缸套及活塞环等,如图 6-16 所示。此外,还有中锰球墨铸铁用于农机上的耙片、犁铧、球磨机的衬板、磨球、拖拉机上的履带板等。

图 6-16 柴油发动机铸铁气缸套及活塞环

2. 耐热铸铁

向铸铁中加入一定量的 Al、Si 或 Cr 等元素,一方面使铸铁表面形成致密的氧化膜(Al_2O_3、SiO_2、Cr_2O_3),使这类铸铁在高温下具有抗氧化、不起皮的能力;另一方面,这些元素提高了铸铁组织的相变温度,阻止了 Fe_3C 的分解,增强了铸铁在高温下的耐热性,可用于制造炉门、炉栅等耐热件,炉门与炉栅如图 6-17 所示。

3. 耐蚀铸铁

在腐蚀性介质中工作时,具有耐蚀能力的铸铁。由于在铸铁中加入了大量的 Si、Al、Cr、Ni、Cu 等合金元素,可在铸件表面形成保护膜,以提高铸铁的耐蚀性能。主要应用于化工生产零件,如阀门、管道、泵及容器等,化工管道如图 6-18 所示。

图 6-17 炉门与炉栅　　　　　　　　　图 6-18 化工管道

🔒 相关链接

铸钢与铸铁相比,铸钢具有较高的力学性能,特别是塑性、韧性好,还有良好的可焊性。但是它的铸造性差,难免产生较多的铸造缺陷,除了在铸造工艺上采取适当的措施以外,铸钢件的铸造缺陷可以通过焊接修补。

小　结

铸铁的类别、牌号、成分、热处理、性能及应用见下表：

类　别	常用牌号	成　分	热处理	性　能	应　用
灰铸铁	HT250	钢基体＋片石墨	去应力退火	抗拉强度、韧性低，减振、减摩、抗压	形状复杂的中低载零件
可锻铸铁	KTH450-06	钢基体＋团絮石墨	可锻化退火	较高塑性、韧性	薄壁类小铸件
球墨铸铁	QT600-3	钢基体＋球石墨	根据需要均可选用	力学性能远高于灰铸铁	形状复杂、性能高的零件
蠕墨铸铁	Ru340	钢基体＋蠕虫状石墨	同灰铸铁	介于灰铸铁与球墨铸铁之间	复杂中载件
合金铸铁	耐磨铸铁、耐热铸铁、耐蚀铸铁				

复习题

一、名词解释

石墨化、灰铸铁、球墨铸铁、合金铸铁。

二、选择题

1. 机架和机床床身应用（　　）。

　　A. 白口铸铁　　　　　B. 灰口铸铁　　　　　C. 球墨铸铁

2. 用作齿轮箱的材料是（　　）。

　　A. HTl50　　　　　B. KTH350-10　　　　　C. QT500-05

3. 机床床身选用（　　）。

　　A. Q235　　　　B. T10A　　　　C. HT150　　　　D. RuT 420

4. 铸铁的（　　）性能优于碳钢。

　　A. 铸造性　　　　B. 锻造性　　　　C. 焊接性　　　　D. 淬透性

5. 铸铁中的碳以石墨形态析出的过程称为（　　）。

　　A. 石墨化　　　　B. 变质处理　　　　C. 球化处理

6. 灰铸铁具有良好的铸造性、耐磨性、切削加工性及消振性，这主要是由于组织中的（　　）的作用。

　　A. 铁素体　　　　B. 珠光体　　　　C. 石墨　　　　D. 渗碳体

三、填空题

1. 根据碳在铸铁中的存在形式和形态不同，铸铁可分为（　　）、（　　）、（　　）和（　　）。

2. 可锻铸铁是在钢的基体上分布着（　　）石墨。

3. 蠕墨铸铁是液态铁水经( )和( )得到的。

4. 球墨铸铁可采用不同热处理工艺改变基体组织,从而改变力学性能。经( )处理,可以提高球墨铸铁的( )和( ),从而改善切削加工性能。

四、判断题

1. 可锻铸铁可在高温下进行锻造加工。   ( )

2. 采用热处理方法,可以使灰铸铁中的片状石墨细化,从而提高其力学性能。   ( )

3. 灰铸铁的减振性能比钢好。   ( )

4. 铸铁中碳存在形式不同,则性能也不同。   ( )

5. 钢的铸造性能要比铸铁差,但常用于制造形状复杂、锻造有困难,要求有较高强度和韧性,并要求受冲击载荷,铸铁不易达到的零件。   ( )

6. 球墨铸铁中的石墨形态呈现团絮状存在。   ( )

7. 白口铸铁的硬度适中,易于切削加工。   ( )

8. 可锻铸铁比灰口铸铁的塑性好,可以进行锻压加工。   ( )

五、指出下列牌号的含义。

HT150、KTZ450-06、QT600-03。

六、简答题

1. 比较普通钢和灰铸铁在性能上的区别以及承载用途特点。

2. 为什么一般机器的支架、机床的床身用灰口铸铁铸造?

第 7 章
常用轧制钢材

学习目标
- 掌握工业型钢和线材的分类、规格表示法及用途。
- 掌握钢板和钢管的分类、规格表示法及用途。

7.1 概　述

炼钢炉炼好的钢液,除少数直接浇注成铸钢件外,大部分要浇注成钢锭,然后送往轧钢车间或锻压车间,轧制或锻压成型材、坯料等,供生产中作为半成品或成品直接使用。

7.1.1 压力加工钢材

大部分钢材加工都是通过压力加工得到的,使被加工钢材产生塑性变形,主要包括:

(1)轧制钢材:指金属坯料在两个回转的轧钢辊之间,改变钢坯形状的压力加工过程称为轧钢。轧钢的目的是为了改善钢的组织结构,提高致密度;同时也是为了获得所需形状的各种型钢。例如,钢板、角钢及槽钢等,钢材轧制过程如图 7-1 所示。

(2)锻造钢材:指利用锻锤往复冲击力或在压力机的压力下,使毛坯改变成所需形状和尺寸从而获得的坯料称为锻造钢材。一般分为自由锻和模锻,常用来生产型材、开坯等截面尺寸较大的材料。

(3)拉拔钢材:指将已经轧制的金属坯料(型、管、制品等)通过模孔拉拔减小截面、增加长度的加工方法,从而获得的坯料称为拉拔钢材。大多采用冷加工方式进行。

(4)挤压钢材:指将钢材毛坯放在密闭的挤压筒内,一端施加压力,使钢材从规定的模孔中挤出而得到一定形状和尺寸成品的加工方法,挤压齿轮如图 7-2 所示。

(5)旋压钢材:指坯料随模具旋转或在旋压工具绕坯料旋转中,旋压工具与坯料相对进给,从

图 7-1　钢材轧制

而使坯料受压并产生连续、逐点的变形方法所获得的型材,钢材板料旋压加工如图 7-3 所示。

图 7-2　挤压齿轮

图 7-3　钢材板料旋压加工

7.1.2　轧制钢材

1. 轧制钢材的分类

轧制钢材按轧制工艺可分为热轧与冷轧,按轧制时轧件与轧辊的相对运动关系不同可分为纵轧、横轧和斜轧;按轧制产品的成型特点分为一般轧制和特殊轧制(周期轧制、旋压轧制和弯曲成型等)。按钢的生产可分为成品生产和半成品生产;按其断面形状的不同,一般可以分为型钢、钢板、钢带、钢管和钢丝等。

2. 轧制钢材的特点

(1)节省金属材料实现少切或无切削加工,材料利用率高。

(2)金属通过塑性变形使内部金属纤维获得合理的流线分布。

(3)由于提高了金属的力学性能,通过轧制使结构致密、组织改善、力学性能提高。

(4)由于钢的氧化作用,表面工艺质量较差。

7.2　型钢的分类及应用

型钢是指除板材、管材和金属制品以外具有一定截面形状和尺寸的条型钢材,用于制造各种机械零件和建筑结构件。

型钢是铁或钢通过轧制、挤出、铸造等工艺制成具有一定尺寸规格、截面形状的坯料。

1. 按照型钢的冶炼质量分类

(1)普通型钢:

普通型钢是由普通碳素结构钢加工而制成的型材,分为大型型钢、中型型钢、小型型钢。

① 大型型钢:热轧钢如工字钢、槽钢、角钢、扁钢等;冷拉钢如圆钢、方钢、六角钢等。广泛用于厂房、桥梁、船舶、农用机具、铁塔等。

② 中型型钢:如工、槽、角、圆、扁钢的应用,同大型型钢。

③ 小型型钢:如角、圆、方、扁钢主要用于机械零件、结构件、农机配件等,小直径圆钢常用作建筑钢筋。

(2)优质型钢:

优质型钢是指由优质钢加工制成的型材,分为热轧(锻)优质型钢、冷拉(拔)优质型钢和其他品种型钢。其中,热轧(锻)优质型钢包括碳素结构钢、碳素工具钢、合金结构钢、弹簧钢、不锈钢、轴承钢、合金工具钢、模具钢、高速工具钢等。冷拉(拔)优质型钢包括碳素结构钢、碳素工具钢、合金结构钢、弹簧钢、不锈钢、轴承钢、合金工具钢、高速工具钢、易切钢及冷镦钢等。

2. 按照型钢的断面分类

(1)简单型断面型钢:主要包括圆钢、方钢、扁钢、六角钢、工字钢、槽钢及角钢等。

① 圆钢是指截面为圆形的实心长条钢材,其规格以直径的毫米数表示,如"圆钢50"等。圆钢分为热轧、锻制和冷拉三种。热轧圆钢的规格为5.5～250 mm,其中5.5～25 mm的小圆钢大多以直条成捆供应,大于25 mm的圆钢以直条供应,圆钢如图7-4所示。

② 方钢是指截面为方形的实心长条钢材,其规格以边长×边长的毫米数表示,如"方钢25×25"等。方钢也分为热轧、锻制和冷拉三种,方钢如图7-5所示。

③ 扁钢是指截面为矩形的实心长扁条钢材,其规格以宽度×厚度的毫米数表示,如"扁钢20×5"等,扁钢也分为热轧、锻制和冷拉三种,扁钢如图7-6所示。主要用于钢结构制造业、制作构件、机械制造业、汽车工业、建筑业等。

④ 六角钢(八角钢)是指截面为六角(八角)对边等距的实心条形钢材,其规格以其中一个边的毫米数表示,如"六角钢20"等,六角钢如图7-7所示。

图 7-4 圆钢

图 7-5 方钢

图 7-6 扁钢

图 7-7 六角钢

常见简单断面型钢的种类及规格表示法见表7-1。

表 7-1　常见简单断面型钢的种类及规格表示方法

型钢名称	断面形状	规格表示法	型钢名称	断面形状	规格表示法
圆钢		直径 d/mm,如圆钢20	扁钢		宽度 × 厚度 b/mm × a/mm,如扁钢20×5
方钢		边长×边长 a/mm ×a/mm,如方钢20×20	六角钢、八角钢		内切圆直径 a/mm,如六角钢20、八角钢20

⑤ 工字钢也称钢梁,是截面为工字形的长条钢材,其规格以腰高(h)×腿宽(b)×腰厚(d)的毫米数表示,如"工字钢160×88×6"等。工字钢的规格也可用型号表示,型号表示腰高的厘米数,如工16♯。腰高相同的工字钢,如有几种不同的腿宽和腰厚,需在型号右边加 a、b、c 予以区别,如32a♯、32b♯、32c♯等。工字钢分普通工字钢和轻型工字钢,热轧普通工字钢的规格为10-63♯。经供需双方协议供应的热轧普通工字钢规格为12-55♯。工字钢广泛用于各种建筑结构、桥梁、车辆、支架及机械构件等,工字钢如图7-8所示。

⑥ 槽钢是截面为凹槽形的长条钢材,其规格表示方法同于工字钢,如"槽钢120×53×5",表示腰高为120 mm,腿宽为53 mm,腰厚为5 mm的槽钢,或称12♯槽钢。腰高相同的槽钢,如有几种不同的腿宽和腰厚也需在型号右边加 a、b、c 予以区别,如25a♯ 25b♯ 25c♯等。槽钢分普通槽钢和轻型槽钢。热轧普通槽钢的规格为5-40♯。经供需双方协议供应的热轧变通槽钢规格为6.5-30♯。槽钢主要用于建筑结构、车辆制造和其他工业结构,槽钢如图7-9所示。槽钢还经常和工字钢配合使用。

⑦ 角钢俗称角铁,是两边互相垂直成角形的长条钢材。有等边角钢和不等边角钢之分,其中等边角钢的两个边宽相等。其规格以边宽×边宽×边厚的毫米数表示。如"等边钢50×50×5"等,不等边角钢的两个边宽不相等。如"不等边钢角钢80×50×5"等,可按需要组成各种受力构件及构件之间的连接等,角钢如图7-10所示。

图 7-8　工字钢

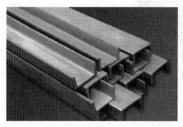

图 7-9　槽钢

图 7-10　角钢

常见型钢的种类及规格表示方法见表 7-2。

表 7-2　常见型钢的种类及规格表示方法

型钢名称	断面形状	规格表示法	型钢名称	断面形状	规格表示法
工字钢	（工字钢断面图，标注 h、d、b）	高×腿宽×腰厚 $h/mm × b/mm × d/mm$，如工字钢 140×80×5.5	不等边角钢	（不等边角钢断面图，标注 d、B、b）	长边×短边×边厚 $B/mm × b/mm × d/mm$，如不等边角钢 80×50×6
槽钢	（槽钢断面图，标注 h、d、b）	高×腿宽×腰厚 $h/mm × b/mm × d/mm$，如槽钢 180×80×8	等边角钢	（等边角钢断面图，标注 d、B、B）	边宽×边宽×边厚 $B/mm × B/mm × d/mm$，如等边角钢 50×50×5

相关链接

　　型钢表层一般均经过发蓝处理。发蓝是将钢在空气中加热或直接浸于浓氧化性溶液中，也可以在亚硝酸钠和硝酸钠的熔融盐中进行，或在加有亚硝酸钠的浓苛性钠中加热，使其表面产生极薄的磁性氧化物膜，厚度为 0.5~1.5 μm。目的是在金属表面形成比较致密的氧化层，具有一定的防锈作用。

　　(2)复杂断面型钢:主要包括异型钢、冷弯型钢、H 型钢(又称宽腿工字钢)、钢轨及其他专用钢等。

　　① 异型钢是指具有复杂异型断面的型钢,根据工艺的不同,可分为热轧异型钢、冷拔(冷拉)异型钢、冷弯异型钢及焊接异型钢等。异型钢因其使用的特殊性和单一性,往往对精度的要求比一般断面型钢要高,由于断面形状复杂,其形状差别也很大,尤其是许多特定场合的专用异型钢,因此生产成本要高于一般断面型钢,部分断面异型钢如图 7-11 所示。

　　② 冷弯型钢是指用钢板或钢带在冷状态下弯曲成的各种断面形状的成品钢材。冷弯型钢是一种经济的截面轻型薄壁钢材,也称为钢制冷弯型材或冷弯型材。

　　冷弯型钢是制作轻型钢结构的主要材料,具有热轧所不能生产的各种特薄、形状合理而复杂截面的特点,与热轧型钢相比,具有断面形状合理、重量轻、强度高的优点,同时又在冷

图 7-11　部分断面异型钢

弯加工中提高了强度,比一般热轧型钢的构件节约钢材 10%～50%,其产品质量好、表面光洁、尺寸精度高、型材定尺灵活,生产中能源消耗少、成材率高、金属损耗少,是一种经济断面型钢材。在建筑工程中,采用冷弯型钢能提高综合经济效益,减轻建筑物重量,提高构件的工厂化程度,以及方便施工、缩短施工工期。此外,设计不同断面的冷弯型钢还广泛用于车辆制造,农机制造等方面,一侧折弯结构冷弯型钢如图 7-12 所示。

③ H 型钢又称宽腿工字钢,是由工字型钢优化发展而成的一种断面力学性能更为优良的经济型断面钢材,因其断面与英文字母"H"相同而得名。它与工字钢的区别:工字钢翼缘是边截面靠腹板部厚、外部薄,H 型钢的翼缘是等截面,如图 7-13 所示。

图 7-12　一侧折弯结构型钢

图 7-13　H 型钢

H 型钢的翼缘都是等厚度的,有轧制截面,也有由 3 块板焊接组成的组合截面。工字钢都是轧制截面,由于生产工艺差,翼缘内边有 1∶10 坡度。H 型钢的轧制不同于普通工字钢,仅用一套水平轧辊即可,由于其翼缘较宽且无斜度(或斜度很小),故须增设一组立式轧辊同时进行辊轧,因此其轧制工艺和设备都比普通轧机复杂。国内可生产的最大轧制 H 型钢高度为 800mm,主要应用于钢结构建筑,或在桥梁、地铁、港口、造船建设施工地作为支护。

7.3　钢板与钢带

钢板可分为薄钢板(其厚度不大于 4 mm)、中厚钢板(厚度在 4.5～6.0 mm 之间)、特厚钢板(厚度大于 6.0 mm)、钢带和硅钢片等。厚板需经热轧而成,薄板有热轧和冷轧两种。薄板可经热镀锌、电镀锡等处理,制成镀锌薄钢板(俗称白铁皮)和镀锡薄钢板(俗称马口铁)。钢带是厚度较薄、宽度较窄、长度很长的钢板,也分为热轧和冷轧两种。

钢板一般成张或成卷供应,成张的钢板其规格用厚度×宽度×长度表示,成卷的钢板其规格用厚度×宽度表示。

薄钢板在建筑工程中用作屋面板(称铁皮)。镀锌的薄钢板(称白铁皮),其防锈能力强,可作为落水管及通风管道;不镀锌的薄钢板(称黑铁皮),常用做零配件、平台及走道等;钢板还可做水槽、储料缸及料仓等,在水利工程中用于制造闸门等。

中厚板用于建筑工程、机械制造、容器制造、造船和桥梁等行业,广泛用来制造各种容器、炉壳、炉板、桥梁及汽车静钢钢板、低合金钢钢板、桥梁用钢板、造船钢板、锅炉钢板、压力容器钢板、花纹钢板、汽车大梁钢板、拖拉机某些零件及焊接构件。

7.3.1　钢板的分类

1. 电镀锡板和热镀锌板

(1)电镀锡板:电镀锡薄钢板和钢带,也称马口铁,这种钢板(带)表面镀了锡,有很好的耐蚀性,且无毒。可用作罐头的包装材料,电缆内外护皮,仪表、电信零件及电筒等。

(2)热镀锌板:在薄钢板和钢带表面用连续热镀方法镀上锌,可以防止薄钢板和钢带表面腐蚀生锈。镀锌钢板和钢带广泛应用于机械、轻工、建筑、交通、化工及邮电等行业。

2. 沸腾钢板与镇静钢板

(1)沸腾钢板:由普通碳素结构钢(沸腾钢)热轧成的钢板。表层纯净、致密,质量好,具有良好的塑性和冲压性能,大量用于制造各种冲压件,建筑及工程结构,一些不太重要的机械结构件。不适于制造承受冲击载荷、在低温条件下工作的焊接结构件。

(2)镇静钢板:由普通碳素结构钢(镇静钢)热轧制成的钢板。镇静钢是脱氧完全的钢,钢液在浇注前用锰铁、硅铁和铝等进行充分脱氧,钢液含氧量低(一般为 $0.002\%\sim0.003\%$),镇静钢材主要用于低温下承受冲击的构件、焊接结构及其他要求强度较高的构件。

低合金钢板都是镇静钢和半镇静钢钢板。由于强度较高,性能优越,相比可减小材料断面尺寸,节约大量钢材,减轻结构重量,其应用已越来越广泛。

3. 优质碳素结构钢板

优质碳素结构钢板是指含碳量小于 0.8% 的碳素钢,这种钢中所含的硫、磷及非金属夹杂物比碳素结构钢少,机械性能较为优良,优质碳素结构钢供应钢板如图 7-14 所示。

优质碳素结构钢按含碳量不同可分为三类:低碳钢($w_C < 0.25\%$)、中碳钢(w_C 为 $0.25\%\sim0.6\%$)和高碳钢($w_C > 0.6\%$)。优质碳素结构钢按含锰量不同分为正常含锰量($0.25\%\sim0.8\%$)和较高含锰量($0.70\%\sim1.20\%$)两种,后者具有较好的力学性能和加工性能。

(1)优质碳素结构钢热轧薄钢板和钢带,主要用于汽车、航空工业等。其牌号为沸腾钢:08F、10F、15F;镇静钢:08、08Al、10、15、20、25、30、35、40、45、50、等;25 及 25 以下为低碳钢板,30 及 30 以上为中碳钢板,优质碳素结构钢供应卷材如图 7-15 所示。

图 7-14　优质碳素结构钢供应钢板

图 7-15　优质碳素结构钢供应卷材

(2)优质碳素结构钢热轧厚钢板和宽钢带,主要用于各种机械结构件。其钢的牌号为低碳钢:05F、08F、08、10F、10、15F、15、20F、20、25、20Mn、25Mn 等;中碳钢:30、35、40、45、50、55、60、30Mn、40Mn、50Mn、60Mn;高碳钢:65、70、65Mn 等。

4. 彩色涂层钢板

彩色涂层钢板以金属带材为基底,在其表面涂以各类有机涂料的产品,用于建筑、家用电器、钢制家具、交通工具等领域,彩色涂层钢供应卷材如图7-16所示。

5. 专用结构钢板

(1)压力容器用钢板:用大写 R 在牌号尾表示,其牌号可用屈服点也可用含碳量或含合金元素表示。例如,Q345R、Q345 为屈服点。再如,20R、16MnR、15MnVR、15MnVNR、8MnMoNbR、MnNiMoNbR、15CrMoR 等均用含碳量或含合金元素来表示。

图 7-16 彩色涂层钢供应卷材

(2)焊接气瓶用钢板:用大写 HP 在牌号尾表示,其牌号可以用屈服点表示,如 Q295HP、Q345HP;也可用含合金元素来表示,如 16MnREHP。

(3)锅炉用钢板:用小写 g 在牌号尾表示。其牌号可用屈服点表示,如 Q390g;也可用含碳量或含合金元素来表示,如 20g、22Mng、15CrMog、16Mng、19Mng、13MnNiCrMoNbg、12Cr1MoVg 等。

(4)桥梁用钢板:用小写 q 在牌号尾表示,如 Q420q、16Mnq、14MnNbq 等。

(5)汽车梁用钢板:用大写 L 在牌号尾表示,如 09MnREL、06TiL、08TiL、10TiL、09SiVL、16MnL、16MnREL 等。

6. 船体用结构钢

造船用钢一般是指船体结构用钢,是指按船级社建造规范要求生产的用于制造船体结构的钢材。常作为专用钢订货、排产和销售,一船包括船板和型钢等。

7.3.2 钢带

钢带是指为加工各类金属产品或机械产品所需要而生产的一种窄而长的钢板,又称带钢,可直接轧制或由宽钢带剪切而成。宽度尺寸在 1 300 mm 以内,长度根据卷材直径不同而异。钢带一般成卷供应,具有尺寸精度高、表面质量好、便于加工等优点。钢带按所用材质分为普通钢带和优质钢带;按加工方法可分热轧钢带和冷轧钢带两种。

钢带广泛用于生产焊接钢管,加工冷弯型钢的坯料、汽车轮圈、卡箍、垫圈、板弹簧、农机具及五金制品等零配件,钢带供应卷材如图7-17所示。

图 7-17 钢带供应卷材

7.4 钢 管

钢管是指两端开口并具有中空截面,其长度与管周边长度之比较大的钢材,按生产方法可分为无缝钢管和焊接钢管,其断面多为圆形。无缝钢管的规格以"外径×壁厚×长度"表示,若无长度要求,则只写"外径×壁厚"。其尺寸范围很广,从直径很小的毛细管到直径达数米的大口径管。可用于管道、热工设备、机械工业、石油地质勘探、容器、化学工业和其他特殊用途。

7.4.1　钢管的分类

1. 按生产方法分类

（1）无缝钢管：包括热轧管、冷拔管、挤压管、顶管和冷轧管等。

（2）焊接钢管：包括蒸汽管、煤气管、压缩空气管和冷凝水管等。

2. 按断面形状分类

（1）简单断面钢管主要分为圆形钢管、方形钢管、椭圆形钢管、三角形钢管、六角形钢管、菱形钢管、八角形钢管和半圆形钢管等。

（2）复杂断面钢管主要分为不等边六角形钢管、五瓣梅花形钢管、双凸形钢管、双凹形钢管、瓜子形钢管、圆锥形钢管、波纹形钢管和表壳钢管等。

3. 按壁厚分类

可以分为薄壁钢管和厚壁钢管两类。

4. 按用途分类

管道用钢管，热工设备用钢管，机械工业用钢管，石油、地质钻探用钢管，容器钢管，化学工业用钢管，特殊用途钢管等。

7.4.2　无缝钢管与焊接钢管

1. 无缝钢管

无缝钢管是一种具有中空截面、周边没有接缝的长条钢材，一般为碳素结构钢或合金结构钢材质。钢管与圆钢等实心钢材相比，在抗弯抗扭强度相同时，重量较轻，是一种经济型截面钢材，广泛用于制造结构件和机械零件，如石油钻杆、汽车传动轴、自行车架及摩托车架等。用钢管制造环形零件，可提高材料利用率，简化制造工序，节约材料和加工工时，如滚动轴承内外套圈及千斤顶套等。另外，该钢管还是各种常规武器不可缺少的材料，枪管、炮筒等都要采用无缝钢管来制造。钢管按横截面积形状的不同可分为圆管和异型管，图 7-18 所示为无缝钢管。

图 7-18　无缝钢管

 拓展延伸

　　无缝钢管的制造方法：一般先在坯料上打孔以制造空心材的穿孔工序，以及用轧制、挤压、拉拔及其他加工方法，使壁厚和直径逐渐改变的管材延伸工序。主要包括芯棒轧管法、连续式轧管法、拉张减径法、管材拉拔法和芯棒轧管法等。

2. 焊接钢管

焊接钢管也称焊管，是用钢板或钢带经过卷曲成型后焊接制成的钢管。焊接钢管生产工艺简单，生产效率高，品种规格多，设备投资少，但一般强度低于无缝钢管。

　　焊接钢管按焊缝的形式分为直缝焊管和螺旋焊管,大口径直缝焊管如图 7-19 所示,一般用于高压油气输送等;螺旋焊管如图 7-20 所示,一般用于油气输送、管桩及桥墩等。

图 7-19　大口径直缝焊管

图 7-20　螺旋焊管

　　焊接钢管比无缝钢管成本低、生产效率高。螺旋焊管的强度一般比直缝焊管高。因此,小口径的焊管大都采用直缝焊,大口径焊管则大多采用螺旋焊。

　　焊接钢管规格用"公称口径"表示。公称口径是内径的近似值,一般略小于实际内径。有两种表示法,一是用"mm"表示,如 20 mm、50 mm 等;二是用"in"(英寸)表示,如1/2 in、1/4 in 等。

🔒 **相关链接**

　　钢管大量用作输送流体的管道,如输送石油、天然气、煤气、水及某些固体物料的管道等。由于在周长相等的条件下,圆面积最大,用圆形管可以输送更多的流体。此外,圆环截面在承受内部或外部径向压力时,受力较均匀,因此绝大多数钢管是圆管。但是,圆管也有一定的局限性,如在受平面弯曲的条件下,圆管就不如方、矩形管抗弯强度大,一些农机具骨架、钢木家具等就常用方、矩形管。

7.5　钢丝的分类及应用

　　钢丝按其断面形状属于型钢,实际上已成独立钢种。一般直径为 5~4 mm 的热轧圆钢和直径 10 mm 以下的螺纹钢,也称线材。钢丝大多为盘卷供应,因此也称为盘条或盘圆。

　　钢丝一般用普通碳素钢和优质碳素钢制成。按照钢材分配目录和用途不同,可分为普通低碳钢热轧圆盘条、优质碳素钢盘条、碳素焊条盘条、调质螺纹盘条、制钢丝绳用盘条、琴钢丝用盘条(琴钢丝是指经过淬火后冷拉而成的用于制作小弹簧的钢丝)以及不锈钢盘条等。用途较广泛的线材主要是普通低碳钢热轧盘条,也称普通线材,主要用于建筑、拉丝、包装、焊条及制造螺栓、螺帽、铆钉等。优质线材,只供应优质碳素结构钢热轧盘条,如08F、10、35Mn、50Mn、65、75Mn 等,用作钢丝等金属制品的原料及其他结构件,及优质钢轧制的线材。通常 8 mm 以上列入优质型材,8 mm 以下列入金属制品。

　　1. 普通低碳钢热轧圆盘条

　　普通低碳钢热轧圆盘条由低碳普通碳素结构钢或屈服点较低的碳素结构钢轧制而成,是线材品种中用量最大、使用最广泛的盘条,因此又称普通线材,简称普线。普通线材主要用于建筑钢筋混凝土结构的配筋,也可冷拔拉制成钢丝作捆扎用。热轧圆盘条钢供应丝捆如图 7-21 所示。

图 7-21　热轧圆盘条钢供应丝捆

2. 优质碳素钢盘条

优质碳素钢盘条是用优质碳素结构钢轧制而成,是线材品种中用量较大的品种之一。主要用于加工制造碳素弹簧钢丝、油淬火回火碳素弹簧钢丝、预应力钢丝、高强度优质碳素结构钢丝、镀锌钢丝及镀锌绞线钢丝绳等。

3. 合金结构钢热轧盘条

合金结构钢热轧盘条由合金结构钢轧制而成,主要用于拉制钢丝、金属制品和结构件。

4. 碳素工具钢热轧盘条

碳素工具钢由优质或高级优质高碳钢轧制而成。加工性能与耐磨性能好,价格便宜,主要用于拉制钢丝与制造工具等。

5. 合金工具钢热轧盘条

合金工具钢是在碳素工具钢的基础上加入铬、钨、钼、钒、硅、锰、镍和钴等合金元素而制成的钢种。与碳素工具钢相比,它具有淬透性好、热处理开裂倾向小、耐磨性与耐热性高的特点。主要用于量具、刃具和冷及热作模具等。

6. 弹簧钢热轧盘条

弹簧钢是用于制造弹簧或其他弹性元件的钢种。弹簧和弹性元件主要利用其弹性变形吸收与储存能量,达到缓和震动、冲击或使机件完成某些动作的目的。同时,弹簧钢还具有良好的表面质量。

7. 不锈钢盘条

不锈钢盘条是由多种牌号和不同组织体型的不锈钢材质热轧而成,主要用于制造不锈钢丝、不锈弹簧钢丝、冷顶锻用不锈钢丝和不锈钢丝绳用钢丝等。根据工业上的主要用途来区分,不锈钢盘条也有不锈钢和不锈耐酸钢盘条之分。

8. 焊接用不锈钢盘条

焊接用不锈钢盘条与一般不锈钢盘条在化学成分上有所不同。为了保证其优良的焊接性能,提高焊缝质量,焊接用不锈钢盘条在成分上的显著特点是含碳量低,磷、硫等有毒杂质少,镍、铬含量较高。主要用于制造电焊条钢芯和焊丝等。

拓展延伸

　　除有色金属型材、线材采用挤压方法制造以外,通常钢铁的型材、线材都采用热轧,用孔型轧辊经几次乃至几十次轧制而成,轧机主要用两辊、三辊轧机或通用轧机。

　　用热轧得到的钢线坯,经拉拔加工可制成各种从大到小直径不同的线材。根据钢中含碳量的不同,工序与方法也有所不同。

小　结

型钢、线材的品种、分类及用途见下表:

类　　别	品种	应　　用
简单断面型材	圆钢	用于制造机械零件或无缝圆钢管坯
	方钢	用于制造机械零件或无缝方钢管坯
	六角钢	用于制造各种结构件、工具和机械零件等
	扁钢	用于钢结构制造业、制作构件、机械制造业、汽车工业、建筑业等
	槽钢	用于建筑结构、车辆制造和其他工业结构,槽钢还常和工字钢配合使用
	角钢	用于各种建筑结构和工程结构,如房梁、桥梁、输电塔、起重运输机械等
	工字钢	广泛用于各种建筑结构、桥梁、车辆、支架、机械等
复杂断面型钢	异型钢	用于特定场合的专用异型钢
	冷弯型钢	用于车辆制造,农业机械制造等
	H型钢	钢结构建筑,在桥梁、地铁、港口、造船建设施工地支护
钢丝	普通钢丝	主要用于建筑、拉丝、包装、焊条及制造螺栓、螺帽、铆钉等
	优质钢丝	优质用作钢丝等金属制品的原料及其他结构件,其他优质钢轧制的线材
	带钢	用于生产焊接钢管、汽车轮圈、垫圈、板簧、农机器具及五金制品等

复　习　题

一、名词解释

锻造钢材、拉拔钢材、挤压钢材、旋压钢材、型钢、冷弯型钢、钢带。

二、选择题

1. 规格为"I160×88×6"的工字钢,表示腰高为(　　)mm。

　　A. 160　　　　　　　　B. 88　　　　　　　　C. 6　　　　　　　　D. 94

2. 六角钢主要用于制造(　　)的原料。

　　A. 钢筋　　　　　　　B. 螺母　　　　　　　C. 螺帽　　　　　　　D. 无缝钢管

3. 不同于普通工字型的是 H 型钢的翼缘进行了加宽，且内、外表面通常是平行的，这样可便于用（　　　）螺柱和其他构件连接。

  A. 低强度   B. 高强度

  C. 塑性好   D. 高硬度

4. 下列哪种钢板被称为马口铁（　　　）。

  A. 电镀锡板   B. 热镀锌板

  C. 镇静钢板   D. 沸腾钢板

5. 彩色涂层钢板和钢带是以金属带材为基底，在其表面涂以各类有机涂料的产品，用于（　　　）、家用电器、钢制家具、交通工具等领域。

  A. 医疗   B. 军事   C. 建筑   D. 航天

6. 薄钢板在建筑工程中用作屋面板，镀锌薄钢板称作（　　　）。

  A. 白铁皮   B. 黑铁皮   C. 白口铁   D. 黑口铁

7. 输送石油、天然气、煤气、水及某些固体物料的管道应选用（　　　）。

  A. 无缝钢管   B. 焊接钢管

  C. 优质碳素钢板卷制   D. 专用钢板卷制

8.（　　　）指用钢板或带钢在冷状态下弯曲成的各种断面形状的成品钢材。

  A. 圆钢   B. 六角钢   C. 槽钢   D. 冷弯型钢

三、填空题

1.（　　　　　）是指将钢材坯料通过一对旋转轧辊的间隙（各种形状），因受轧辊的压力使材料截面减小、长度增加的压力加工方法，这是生产钢材最常用的生产方式，主要用来生产（　　　　　）材、（　　　　　）材、（　　　　　）材。

2.（　　　　　）是将已经轧制的金属坯料通过模孔拉拔减小（　　　　　）、增加（　　　　　）的加工方法，大多用作冷加工。

3. 简单断面型钢主要包括（　　　　　）钢、（　　　　　）钢、（　　　　　）钢、（　　　　　）钢、（　　　　　）钢、弓形钢、扁钢、弹簧扁钢、椭圆钢等。

4. 普通低碳钢热轧圆盘条由低碳普通碳素结构钢或屈服点较低的碳素结构钢轧制而成，是线材品种中用量最（　　　　　）、使用最（　　　　　）的盘条，故又称普通线材，简称普线。主要用于（　　　　　）结构作配筋用，也可冷拔拉制成（　　　　　），作捆扎等用。

5. 钢板都是轧制而成的，分类可分为（　　　　　）板、（　　　　　）板、（　　　　　）板和硅钢片等。

6. 钢管按生产方法可分为（　　　　　）钢管和（　　　　　）钢管，前者又分为（　　　　　）管、（　　　　　）管、（　　　　　）管、顶管、冷轧管等。

四、判断题

1. 型钢是一种有一定截面形状和尺寸的板型钢材。   （　　　）

2. H 型钢又称工字型钢。   （　　　）

3. 焊接钢管按焊缝的形式分为直缝焊管和螺旋焊管。大口径直缝焊管用于高压油气输送等；螺旋焊管用于油气输送、管桩、桥墩等。   （　　　）

4. 优质线材中，习惯上 6 mm 以上列入优质型材，6 mm 以下列入金属制品。 （　　　）

5. 合金结构钢、热轧盘条由合金结构钢作材质轧制而成，主要用于制造刀具。 （　　　）

6. 工字钢都是轧制截面,由于生产工艺差,翼缘内边有 1∶10 坡度。 （　　）

五、简答题

1. 型钢的分类有哪些,各是怎样划分的?

2. 工字钢和 H 型钢的区别是什么?

3. 专用结构钢板有哪些,主要用途是什么?

4. 常见线材有哪些,主要用途是什么?

5. 简述钢管的分类。

第8章
有色金属及硬质合金材料

学习目标

- 掌握铝和铝合金、铜和铜合金、钛和钛合金的分类、牌号、性能及应用。
- 掌握轴承合金的分类、牌号、性能及应用。
- 掌握硬质合金的分类、牌号、性能及应用。

金属分为两大类:铁金属和非铁金属。通常将铁或在纯铁的基础上加入适量的合金元素(如铬、锰等)形成的合金称为铁金属,也称为黑色金属;而把铁金属之外的其他金属及其合金称为非铁金属,也称为有色金属。由于有色金属具有许多优良的物理性能与化学性能,如良好的导电性和导热性、较低的熔点和密度等。因此,有色金属已成为现代工业,尤其是国防工业不可缺少的金属材料,广泛应用于机械制造、航天、航空、航海、汽车及化工等领域。

有色金属的种类很多,常用的有色金属有铝及铝合金、铜及铜合金、钛及钛合金、轴承合金及硬质合金等。

8.1 铝及铝合金

铝在地壳中贮藏量很丰富,比铁还多,但由于冶炼困难,所以生产成本高。铝及铝合金是有色金属中应用最广泛的一种金属材料,其产量仅次于黑金属,广泛应用于电气、汽车、化工及航空等领域。

8.1.1 纯铝

1. 纯铝的性能

纯铝是一种银白色的金属,密度小($2.7 \times 10^3 \, \text{kg/m}^3$),仅为铁的1/3,是一种轻金属。熔点为660 ℃;导电、导热性好,仅次于银、铜;在大气中具有良好的耐蚀性。另外,表面易形成一层 Al_2O_3 薄膜,能防止金属进一步氧化;塑性好($A=50\%$、$Z=80\%$)、强度低($R_m = 80 \sim 100 \, \text{MPa}$),纯铝不能用热处理强化,而变形强化是提高纯铝的重要手段。

纯铝的主要用途是配置各种铝合金,代替铜制作导线、电缆及电气元件,以及制作要求质轻、导热或耐大气腐蚀的器件等。另外,在铝中加入少量的铜、镁、锰等形成的铝合金,具有坚硬、美观、轻巧耐用、不生锈的优点。

2. 纯铝的牌号与应用

根据 GB/T 16474《变形铝及铝合金牌号表示方法》中规定,铝的质量分数不低于 99.00% 的纯铝,其牌号用"1+字符+两位数字"组合系列表示。牌号中"字符"英文大写字母,用来表示原始纯铝的改型情况,如字母 A 表示原始纯铝。若为其他字母(B~Y),则表示原始纯铝的改型。牌号中后两位数字表示铝含量的最低值,当最低含量精确到 0.01% 时,则这两位表示最低铝含量中小数点后面的两位。如牌号 1A30,表示含铝量为 99.30% 的原始纯铝;1A99,表示含铝量为 99.99% 的原始纯铝;1A97,表示含铝量为 99.97% 的原始纯铝。

工业纯铝主要用于熔炼铝合金,制造电线、电缆、导电体、电容、电子管隔离罩、电器元件、装饰品、电缆保护套管、仪表零件、垫片及装饰品等。

8.1.2 铝合金

因为纯铝强度低,所以不宜制作承受重载荷的结构件。铝合金是在纯铝的基础上,加入适量的 Cu、Mg、Si、Mn、Zn 等合金元素,即形成了铝合金。另外,铝合金经过冷变形加工和热处理后,其强度明显提高,抗拉强度可达 500 MPa 以上,广泛应用于轻工、航空等领域。如铝合金门窗、飞机、导弹等均是以铝合金为主要原材料进行制造的,铝合金的应用如图 8-1 所示。

图 8-1 铝合金的应用

根据铝合金的化学成分和工艺可分为变形铝合金和铸造铝合金两大类。铝合金中合金元素的含量较少时,形成单相固溶体组织,具有较高的塑性,适于压力加工,故称为变形铝合金;另外,当合金元素含量达到一定量以后即为共晶组织,适于铸造成形,故称为铸造铝合金。

1. 变形铝合金

(1)变形铝合金的牌号:按国家标准(GB/T 16474)中规定,我国变形铝及铝合金采用国际四位数字体系牌号和四位字符体系牌号两种命名方法。其中化学成分已在国际牌号注册组织中注册命名的铝及铝合金,直接采用四位数字体系牌号,国际牌号注册组织未命名的,则按四位字符体系牌号命名。牌号第一位数字表示铝与铝合金的组别见表 8-1。

表 8-1 铝及铝合金的组别表示方法

组　　别	牌号系列
纯铝(铝的质量分数大于 99.00%)	1×××
以铜为主要合金元素的铝合金	2×××

续表

组　　别	牌号系列
以锰为主要合金元素的铝合金	3×××
以硅为主要合金元素的铝合金	4×××
以镁为主要合金元素的铝合金	5×××
以镁和硅为主要合金元素的铝合金	6×××
以锌为主要合金元素的铝合金	7×××
以其他元素为主要合金元素的铝合金	8×××
备用合金组	9×××

牌号第二位数字(国际四位数字体系)或字母(四位字符体系),字母表示原始纯铝或铝合金的改型情况;数字为 0 或字母 A 表示原始纯铝与铝合金;如果是 1~9 或 B~Y(除 C、I、L、N、P、Q、Z 外)中的一个,则表示改型情况;最后两位数字用以标识同一组中不同的合金。如 5A02,表示铝镁合金;2A11,表示铝铜合金等。

(2)变形铝合金分类:根据变形铝合金的化学成分和性能特点可分为防锈铝合金(LF)、硬铝合金(LY)、超硬铝合金(LC)、锻铝合金(LD)。其代号用"铝"和"铝合金类别"首字的汉语拼音字首加顺序号表示。如 LF21,表示 21 号防锈铝合金;LY11,表示 11 号硬铝合金。

① 防锈铝合金,防锈铝合金是 Al-Mn 系、Al-Mg 系合金,属于不能热处理强化铝合金,常用冷变形加工方法来强化。这类铝合金具有良好的耐蚀性、塑性和焊接性,强度不高,用于制造耐蚀性高的油管、型材、容器及蒙皮等,防锈铝合金型材如图 8-2 所示。

② 硬铝合金,硬铝合金是 Al-Cu-Mg 系合金。这类合金通过固溶处理和时效处理以获得高强度、硬度,但耐蚀性低于纯铝,不耐海水腐蚀。通常硬铝板材表面包覆一层纯铝来提高其耐蚀性。主要用于制造中等强度的零件及航空工业中的构件,如飞机骨架、蒙皮、铆钉等,生产中的飞机骨架及蒙皮如图 8-3 所示。

图 8-2　防锈铝合金型材

图 8-3　生产中的飞机骨架及蒙皮

③ 超硬铝合金,超硬铝合金为 Al-Cu-Mg-Zn 系合金。它是在硬铝基础上加合金元素 Zn 制成的。这类合金经固溶时效处理后,强度高于硬铝合金,是室温条件下强度最高的一类铝合金,但耐蚀性较差。主要用于制造飞机上受力较大、要求强度较高的结构件,如飞机大梁、桁架及起落架等。

④ 锻铝,锻铝是 Al-Cu-Mg-Si 系合金。这类合金的性能与硬铝相近,在加热状态下具有良好的塑性,适于热压力加工。锻后经热处理,具有良好的力学性能,主要用于制造航空和仪表中的中等强度、形状复杂零件,如汽车轮毂及汽轮机叶片等。锻铝合金汽车轮毂如图 8-4 所示。

常用变形铝合金的牌号、性能及应用见表 8-2。

图 8-4　锻铝合金汽车轮毂

表 8-2　常用变形铝合金的牌号、性能及应用

类别	旧牌号	新牌号	状　态	R_m/MPa	A/%	应　用
防锈铝	LF2	5A02	退火	≤245	12	油管、油箱、液压容器、焊接件、冷冲压件及防锈蒙皮等
	LF21	3A21		≤185	16	
硬铝	LY11	2A11		≤245	12	螺栓、铆钉及空气螺旋桨叶片等
	LY12	2A12	淬火＋自然时效	390～440	10	飞机上骨架零件、翼梁及铆钉等
超硬铝	LC4	7A04	退火	≤245	10	飞机梁、加强框、桁架及起落架等
锻铝	LD5	2A50	淬火＋人工时效	353	12	压气机叶轮及叶片、内燃机活塞及在高温下工作的复杂锻件等
	LD7	2A70		353	8	

2. 铸造铝合金

(1)铸造铝合金的代号:

按国家标准(GB/T 1173)规定,铸造铝合金代号是由"铸铝"二字的汉语拼音字首"ZL"加三位数字表示,第一位数字表示铸造铝合金的类别,即 Al-Si 系(代号 1)、Al-Cn 系(代号 2)、Al-Mg系(代号 3)、Al-Zn 系(代号 4)等四类。第二位、第三位数字表示合金的顺序号,若是优质合金在其代号后附加字母 A。如 ZL102,表示 2 号 Al-Si 系铸造铝合金。

(2)铸造铝合金的牌号:

按国家标准(GB/T 8063)规定,铸造铝合金牌号由"铸"的汉语拼音字母"Z"、铝的化学元素符号 Al、主要特性的元素符号(其中混合稀土元素符号统一用 RE 来表示)以及表示合金元素名义百分含量的数字组成。当添加元素多于两个时,合金牌号中应列出表明合金元素符号及其名义百分含量的数字,添加合金元素按其名义百分含量递减次序排列。如 ZAl99.5,表示铸造铝合金,其中含铝的名义百分含量为 99.5%,ZAlCu5Mn 表示含 Cu 元素 5%的铸造铝合金。

压铸铝合金的牌号:按汉语拼音字母 YZ＋铝元素符号＋主加元素符号＋主要添加合金元素的百分含量表示。如 YZAlSi12,表示 Si 含量 12%、其余为铝的压铸铝合金,其代号 YL102。

(3)铸造铝合金分类:

① 铝硅系合金是最常用的铝合金,俗称硅铝明。ZAlSi12 是最典型的铝硅合金,主要用于制造耐腐蚀、形状复杂及具有一定性能要求的零件,如气缸体、气缸头、气缸套、活塞、风扇叶片、仪器仪表外壳及油泵壳等,发动机气缸体如图 8-5 所示。

② 铝铜系合金是铸造铝合金中强度较高的一种合金。加入镍、锰等合金元素可提高其耐热性能,其中,ZAlCu5Mn 是典型的铸造铝铜合金,可用于制造高强度或高温条件下工作的零件,如

内燃机气缸、活塞及支臂等,轿车前支臂如图 8-6 所示。

图 8-5　发动机气缸体　　　　　　　　　　　图 8-6　轿车前支臂

　　③ 铝镁系合金是铸造铝合金中具有良好耐蚀性的一种合金。其中,ZAlMg10 是典型的铸造铝镁合金,适于制造在腐蚀介质条件下工作的零件,如泵体、船舰配件或在海水中工作的构件等,汽车水泵体如图 8-7 所示。

　　④ 铝锌系合金是铸造铝合金具有较高强度的一种合金,价格便宜,其中 ZAlZn11Si7 是典型的铸造铝锌合金,适于制造医疗器械、仪表零件、电子仪器外壳、飞机零件和日常用品等,电子通信机壳如图 8-8 所示。

图 8-7　汽车水泵体　　　　　　　　　　　　图 8-8　电子通信机壳

 拓展延伸

　　近年来我国已经开始采用稀土铝合金制作活塞。在铝合金中加入复合的稀土元素后,其高温强度(300 ℃)有显著提高,广泛应用于制造飞机、坦克、拖拉机、发动机的活塞,使用性能良好。

　　常用铸造铝合金的代号、牌号、性能及应用见表 8-3。

表 8-3 常用铸造铝合金的牌号、力学性能及应用

代号	牌号	状态	R_m/MPa	A/%	硬度/HBW	应用
ZL101	ZAlSi7Mg	金属型铸造、固溶＋不完全人工时效	205	2	60	形状复杂的零件,如飞机及仪表零件、抽水机壳体等
ZL102	ZAlSi12	金属型铸造、铸态	155	2	50	工作在 200 ℃以下的高气密性和低载荷零件,如仪表、水泵壳体等
ZL108	ZAlSi12Cu2Mg1	金属型铸造、固溶＋不完全人工时效	255	—	90	要求高温强度及低膨胀系数的内燃机活塞、耐热件等
ZL201	ZAlCu5Mn	砂型铸造、固溶＋自然时效	295	8	70	在 175 ℃～300 ℃以下工作的零件,如内燃机气缸、活塞等
ZL301	ZAlMg10	砂型铸造、固溶＋自然时效	280	10	60	在大气或海水中工作的零件,承受大振动载荷,工作温度低于 200 ℃的零件,如氨用泵体、船用配件等
ZL401	ZAlZn11Si7	金属型铸造、人工时效	245	1.5	90	工作温度低于 200 ℃、形状复杂的汽车、飞机零件、仪表零件及日用品等

8.1.3 铝合金的热处理

铝的热处理机理与钢不同,一般钢经过淬火后,硬度和强度立即提高,塑性与韧性下降。而铝合金则不同,能热处理强化,但淬火后硬度与强度不能立即提高,而塑性与韧性却显著提高。但在室温下放置一段时间后,硬度和强度才显著提高,塑性与韧性则明显下降,这种现象称为时效硬化。铝合金的热处理温度一般在 550 ℃左右。

在变形铝合金中,当合金元素含量较低时,由于其单相组织不随温度变化而变化,因此不能用热处理强化;当含量达到一定值时,单相固溶体就可随温度变化而变化,便可以用热处理进行强化。对于铸造铝合金,其合金元素含量要比变形铝合金高一些,其中绝大多数可以通过热处理强化。另外,铸造铝合金还可以通过变质处理(细化晶粒)以及金属模铸型提高冷却速度等方法进行力学性能的强化。

8.2 铜及铜合金

铜因其容易冶炼、耐蚀性好、具有良好的力学性能而成为人类最早使用的金属之一。我国古代广泛用于制造兵器、农具及各种工艺品等。由于它具有优良的物理、化学、力学性能及其他许多特殊性能,因此是现代化工业,特别是国防工业不可缺少的重要工程材料之一。

8.2.1 纯铜

1. 纯铜的性能

纯铜呈紫红色,又称紫铜,其强度低($R_m=230\sim250$ MPa),塑性高($A=45\%\sim50\%$),便于冷、

热压力加工,通过冷变形加工可以使铜得到强化($R_m=400\sim500$ MPa)。纯铜耐腐蚀性比较好,在大气、水蒸汽、水和热水中基本不受腐蚀,但在海水中易受腐蚀。导电性和导热性好,仅次于银,是最常用的导电、导热材料,主要用于制造电线、电缆、电子元件和配置铜合金。

2. 纯铜的牌号与应用

根据国家标准,铜按化学成分不同可分为工业纯铜和无氧铜两类。我国工业纯铜有三个牌号,即一号铜、二号铜和三号铜,其代号用"铜"的汉语拼音字首"T"加顺序号表示。分别为 T1、T2、T3,顺序号越大,表示纯度越低。铜中含有铅、铋、氧、硫、砷的元素,质量分数约为 0.05% ~ 0.3%。无氧铜的含氧量极低,不大于 0.003%,其代号有 TU1、TU2。纯铜的代号、牌号、化学成分及应用见表 8-4。

表 8-4 纯铜的代号、牌号、化学成分及应用

类　别	代　号	牌　号	化学成分 $w/\%$		应　用
			Cu(不小于)	杂质总量	
纯铜	T10900	T1	99.95	0.05	导电、导热、耐腐蚀器具材料,如电线、蒸发器、雷管及贮藏器等
	T11050	T2	99.90	0.10	
	T11090	T3	99.70	0.30	一般用于电气开关、管道及铆钉等
无氧铜	T10150	TU1	99.97	0.03	用于电真空器件、高导电性导线和元件等
	T10180	TU2	99.95	0.05	

8.2.2　铜合金

由于纯铜强度低,为了满足制造结构件的要求,工业上广泛采用铜合金,常用的铜合金有黄铜、青铜和白铜三大类。

1. 黄铜

黄铜是以锌为主加元素的铜合金,按其化学成分可分为普通黄铜和特殊黄铜。

(1)普通黄铜:由铜和锌组成的二元合金。牌号用"黄"字汉语拼音字首"H"加一组数字表示,一组数字表示黄铜的平均质量分数的百分数。如 H90 表示铜的平均含量为 90%,余量为锌的普通黄铜。

(2)特殊黄铜:在普通黄铜的基础上加入其他合金元素所组成的多元合金。通常加入的合金元素有锡、硅、锰、铅、铝等,依次称这些特殊黄铜为锡黄铜、硅黄铜、锰黄铜、铅黄铜和铝黄铜等。合金元素可以改善和提高合金的性能,如锰、硅、铝、锡能提高黄铜的耐蚀性,铅可以改善黄铜的切削加工性,硅还可以提高黄铜的强度、硬度和耐磨性。

特殊黄铜的牌号是在"H"后面加除锌以外主要元素的符号及铜和主要合金元素的含量百分数。如 HPb59-1,表示 $w_{Cu}=59\%$,$w_{Pb}=1\%$,余量为锌的铅黄铜。特殊黄铜具有良好的切削加工性,常用于制造各种结构零件,如销、螺钉、螺母、垫圈及水阀门等。同时,铸造黄铜具有良好的铸造性。铸造黄铜的牌号是在"ZCu"的后面加主要合金元素符号及其平均含量的百分数。如 ZCuZn38,表示 $w_{Zn}=38\%$,余量为铜,黄铜是应用最广的有色金属材料,常见铸造黄铜制品如图 8-9所示。常用黄铜的牌号、力学性能及应用见表 8-5。

图 8-9　常见铸造黄铜制品

表 8-5　常用黄铜的牌号、力学性能及应用

类　　别	牌　　号	R_m/MPa	A/%	硬度/HBW	应　　用
普通压力加工黄铜	H90	260	45	53	双金属片、冷凝管、散热器、艺术品等
	H68	320	55	—	弹壳、波纹管、散热器外壳、冲压件等
	H62	330	49	56	螺钉、螺母、垫圈、弹簧、铆钉等
特殊压力加工黄铜	HPb59-1	400	45	44	螺钉、螺母、轴套等冲压件或加工件等
	HSn90-1	280	45	—	弹性套管、船舶用零件等
	HAl59-3-2	380	50	75	船舶、电动机及其他在常温下工作的高强度、化学性能稳定的零件
	HMn58-2	400	40	85	船舶及弱电流用零件
铸造黄铜	ZCuZn38	295	30	60	螺母、法兰、手柄、阀体等
	ZCuZn33Pb2	180	12	50	仪器、仪表的壳体及构件等
	ZCuZn40Mn2	345	20	80	在淡水、海水及蒸汽中工作的零件，如阀体、管道街头
	ZCuZn25Al6Fe3Mn3	600	18	160	蜗轮、滑块、螺栓等

相关链接

　　纯铜具有面心立方晶格，无同素异构转变，因此不能进行热处理强化。

　　几乎在所有的机器中都不同程度的含有铜、铜合金制品零部件，如电机、电路、油压及气压系统等。其中，黄铜具有高塑性和强度，成形性好，可制作各种复杂的冷冲压件和深冲压件，波导管和冷凝器用管件，机械和电气用零件；H70 黄铜也称为"炮铜"，主要来制造炮弹壳、子弹壳及管材。

　　2. 青铜

　　铜与锡往往伴生而成矿，铜锡合金是人类历史上最早使用的合金，图 8-10 所示为中国古代青铜鼎。因其外观呈青黑色，所以称之为青铜。

　　青铜是指除黄铜、白铜（以镍为主加元素的铜合金）以外的铜合金。按主加元素不同分为锡青铜、铝青铜、铍青铜和铅青铜等。其中，锡青铜是最常见的青铜。青铜一般都具有高的耐蚀性、较高的电导性、热导性及良好的切削加工性。

　　青铜的牌号用"青"字汉语拼音字首"Q"加主要合金元素符号、含量

图 8-10　古代青铜鼎

和其他合金元素的含量的百分数。如 QSn4-3，表示 $w_{Sn} = 4\%$，$w_{Zn} = 3\%$，其余为铜的含量。常用的青铜牌号、力学性能及应用见表 8-6。

表 8-6　常用的青铜牌号、力学性能及应用

牌　　号	状态	R_m/MPa	A/%	硬度/HBW	应　　用
QSn4-3		350	40	60	弹性元件、管道配件、化工机械中的耐磨零件及抗磁零件等
QSn6.5-0.1		350~450	60~70	70~90	弹簧、接触片、振动片、精密仪器中的耐磨零件等
QAl7	退火	470	3	70	重要用途的弹簧及其他弹性元件等
QAl9-4		550	4	110	轴承、蜗轮、螺母及在蒸汽、海水中工作的高强度、耐蚀零件等
QBe2		500	3	84	重要的弹性元件、耐磨零件及高速、高压和高温下工作的轴承等

（1）锡青铜：锡青铜是以锡为主要合金元素的铜合金。锡的含量对锡青铜的组织和性能有很大影响。当锡的含量小于 5%~6% 时，适于冷、热压力加工；当锡的含量大于 5%~6% 时，合金中出现了以 $Cu_{31}Sn_8$ 为基体的硬而脆的化合物，适于铸造加工；而当锡的含量大于 20% 时，合金脆性相应增大，强度迅速下降，此时铜合金无实用价值。故工业用锡青铜中锡含量一般为 3%~14%。

锡青铜具有良好的耐蚀性，在大气、海水中的耐蚀性比黄铜好，广泛应用于制造耐蚀性零件，如仪表中的弹性元件、机械中的轴承等，弹性发条如图 8-11 所示；铸造锡青铜的流动性差，铸件的致密度不高，但它是非铁金属中收缩率最小的合金，无磁性和冷脆现象。故适于制造形状复杂、致密度要求不高、耐磨、耐蚀的零件，如滑动轴承、齿轮、涡轮等，锡青铜涡轮蜗杆（涡轮为锡青铜）如图 8-12 所示。

图 8-11　锡青铜仪表弹性发条　　　　　　图 8-12　锡青铜涡轮蜗杆

（2）铝青铜：铝青铜是以铝为主加合金元素的铜合金。铝青铜具有比黄铜和锡青铜更好的耐蚀性、耐磨性、耐疲劳性和强度等。主要用于制造强度、耐磨性和耐蚀性要求较高的零件，如齿轮、蜗轮和轴套等，铝青铜轴套如图 8-13 所示。

（3）铍青铜：铍青铜是以铍为主加合金元素的铜合金。其中，铍的含量约为 1.6%~2.5%，具有高的强度和硬度、耐磨性和耐蚀性、导电性和导热性，经人工时效后强度可达 1 400 MPa，硬度可

达 350～400 HBW。突出优点是具有很高的弹性极限和疲劳强度,被誉为铜合金中的"弹性之王",是一种综合力学性能较高的结构材料。主要用于制造耐磨性及耐蚀性要求较高的零件,如精密仪器、仪表中各种重要弹性零件、开关触点、波纹管、微电机电刷及整流子、钟表零件等,高精度的测量仪表中铍青铜波纹管如图 8-14 所示。

3. 白铜

白铜是指以镍为主加合金元素的铜合金,具有较强的耐腐蚀性和优良的冷、热加工性,是精密仪器仪表、化工机械、医疗机械及工艺品制造的重要材料。

图 8-13　铝青铜轴套

白铜的牌号用 B 加含镍量来表示,三元以上的白铜用 B 加第二个主添加元素符号及除基体元素铜以外的成分数字组表示。如 B30 表示含镍量为 30％的白铜;BMn40-1.5 表示含锰量为 40％、含镍量为 1.5％的锰白铜,也称为康铜(电工白铜),具有良好的热电性能。主要用来制造精密电工仪器、变阻器、滑动变阻器、精密电阻及应变片等,康铜滑动变阻器如图 8-15 所示。

图 8-14　铍青铜波纹管

图 8-15　康铜滑动变阻器

相关链接

司母戊大方鼎是中国商代后期(约公元前 16 世纪至公元前 11 世纪)王室用的青铜方鼎,属商殷祭器。1939 年 3 月 19 日在河南省安阳出土,因其腹部著有"司母戊"三字而得名,是商朝青铜器的代表作,体积庞大,花纹精巧,造型精美,重达 875 kg,与古文献记载制鼎的铜锡比例基本相符。司母戊大方鼎充分显示出商代青铜铸造业的生产规模和技术水平。

8.3　钛及钛合金

钛及钛合金是近半个世纪以来,出现的一种新型结构材料。它具有密度小、强度高、耐高温、耐腐蚀、导热率低、无毒无磁、可焊接、生物相容性好、表面可装饰性强等特性,且资源丰富,广泛应用于航天、航空、化工、造船及国防工业等领域。

8.3.1　纯钛

纯钛是银白色的金属,熔点为 1 668 ℃,密度 4.5×10^3 kg/m³,具有热膨胀系数小、纯钛塑性好、强度低、容易加工成形等特点,可制成细丝和薄片。钛还具有良好的耐蚀性,在海水和水蒸汽中的耐腐蚀能力比铝合金、不锈钢及镍合金高。工业纯钛的牌号用"TA"加顺序号表示,如 TA2 表示 2 号工业纯钛。一般顺序号越大,表示纯度越低。工业纯钛的牌号、力学性能及应用见表 8-7。

表 8-7　工业纯钛的牌号、力学性能及应用

牌号	R_m/MPa	A/%	Z/%	应　用
TA1	343	25	50	机械:在 350 ℃以下工作的受力较小的零件、冲压件、气阀等
TA2	441	20	40	造船:耐海水腐蚀的管道、阀门、柴油机活塞、连杆等 航空:飞机骨架、发动机部件等
TA3	539	15	35	化工:热交换器、搅拌器等

8.3.2　钛合金

钛合金是以钛为基体,主要加入铝、锡、铬、钼、钒、铁等合金元素而形成的合金。按使用时的组织状态不同可分为 α 型钛合金、β 型钛合金、α+β 型钛合金三种。

钛合金的牌号仍然用"钛"字的汉语拼音字首"T"加合金类别代号加顺序号表示。合金类别代号 A,B,C 分别表示 α 型钛合金、β 型钛合金、α+β 型钛合金,如 TA6 表示 6 号 α 型钛合金;TC4 表示 4 号 α+β 型钛合金。

1. α 型钛合金

α 型钛合金中主要加入合金元素铝和锡,这类合金在室温或较高温度下均为单相 α 固溶体组织,不能用热处理强化,在室温下强度比其他钛合金低。但在 500 ℃～600 ℃高温条件下,具有高的强度,良好的塑性,并且组织稳定,焊接性好,用来制作使用温度不超过 500 ℃的飞机零部件、飞机骨架、涡轮机外壳、压气机、气压泵壳体、叶片、焊接件和模锻件等,飞机涡轮机壳如图 8-16 所示。常用 α 型钛合金的牌号、力学性能及应用见表 8-8。

图 8-16　飞机涡轮机壳

表 8-8　常用 α 钛合金的牌号、力学性能及应用

牌号	状态	R_m/MPa	A/%	应　用
TA5		686	15	应用与工业纯铁相似
TA6	退火	686	10	用于工作温度低于 500 ℃的零件,如飞机骨架、压气机、叶片壳体、
TA7		785	10	叶片、焊接件和模锻件等

2. β 型钛合金

β 型钛合金中主要加入铬、钼、钒等稳定合金元素。这类合金在正火或淬火后容易得到 β 固溶体组织,其牌号用"TB"加顺序号表示,如 TB2 经淬火时效处理后,最大抗拉强度可达到 1 373

MPa,并具有良好的塑性及焊接性,但其生产工艺复杂,熔炼较困难,价格较贵,且合金密度大,主要用来制作工作温度低于 350 ℃的航空器零件,及轮盘等重载荷旋转件等。飞机压气机叶片如图 8-17 所示。

3. α+β 型钛合金

α+β 型钛合金中除了含有铬、钼、钒等 β 相稳定元素外,还含有铝、锡、等 α 相稳定元素合金元素。这些元素加入后对钛的同素异构转变温度综合影响很小(其牌号用"TC"加顺序号表示),在室温组织中均有 α+β 相存在,这类合金可以通过淬火热处理加时效处理得到强化,具有较高的强度、良好的塑性和焊接性,且组织稳定。主要用来制作 400 ℃以下使用的零件,如容器、泵、武器构件、舰艇压舱及导弹发动机外壳等,舰艇耐压舰身如图 8-18 所示。

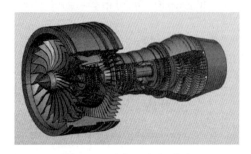

图 8-17　飞机压气机叶片　　　　　图 8-18　潜艇耐压舰身

常用 α+β 钛合金的牌号、力学性能及应用见表 8-9。

表 8-9　常用 α+β 钛合金的牌号、力学性能及应用

牌号	状态	R_m/MPa	A/%	应　用
TC1		588	15	用于工作温度低于 400 ℃的冲压件和焊接件等
TC2		689	12	用于工作温度低于 500 ℃的焊接件和模锻件等
TC4	退火	902	10	用于工作温度低于 400 ℃的零件,如容器、泵、坦克履带、潜艇耐压舰身、低温部件及锻件等
TC10		1 059	12	用于工作温度低于 450 ℃的零件,如飞机零件及起落架、武器构件、导弹发动机外壳等

🔒 相关链接

　　钛有两种同素异晶体,即在 882 ℃以下为密排六方晶格,称为 α-Ti;在 882 ℃以上为体心立方晶格,称为 β-Ti。

　　近年来,钛及其合金得到了迅速发展,这是由于它的质量轻,强度高,高温强度好,低温韧性优异,耐蚀性好的缘故。目前,它已成为工业生产中重要的金属材料,尤其在航空和化工等领域中是非常重要的金属材料。

8.4　轴 承 合 金

在滑动轴承中,用来制造轴瓦及内衬的合金,称为轴承合金。与滚动轴承相比,滑动轴承具有承压面积大,工作平稳,无噪音以及装拆方便等优点,因而在机械设备中,主要用于重载、高速轴的支承,如磨床的主轴承、内燃机高速滑动轴承及机车车辆的车轮滑动轴承等,轴承合金在机车车辆上的应用如图 8-19 所示。

8.4.1　对轴承合金的性能要求

轴承是一种重要的机械零件,分为滚动轴承和滑动轴承两类。滚动轴承常用轴承钢制造,而制造滑动轴承时多采用轴承合金。

滑动轴承就是由轴与轴承组成的一个摩擦副,运转精度高,能承受很大载荷,因轴一般制造成本高,所以为确保轴的使用寿命,必要时可更换轴瓦。用于制造轴瓦及轴承衬的合金材料称为轴承合金,轴瓦是用来支承轴进行

图 8-19　轴承合金在机车车辆上的应用

工作的。当轴旋转时,轴瓦与轴颈之间产生强烈的摩擦,并且轴承要承受轴颈传来的交变载荷作用。例如,磨床主轴轴承、连杆轴承等。因此,轴承合金应具有以下性能:

(1)足够的抗压强度和疲劳强度,以承受较大的压力和循环载荷作用。

(2)足够的塑性和韧性,以抵抗冲击和振动。

(3)较小的摩擦系数,较好的磨合性能,高的耐磨性,能储存润滑油,以减小磨损。能与轴颈较快的紧密配合。

(4)良好的导热性和耐蚀性,以利于热量的散失和防止咬合,以抵抗润滑油的腐蚀。

(5)良好的铸造性能,容易铸造成形。

8.4.2　轴承合金的组织特征

轴承合金有两种组织类型:其一是在软基体上分布着硬质点;其二是在硬基体上分布着软质点。软基体塑性好,能承受冲击和振动;能储存润滑油,保证良好的润滑,减少轴颈的磨损;另外,外来杂质(硬质点)压入软基体,可避免轴颈磨损。属于这类组织的有锡基、铅基轴承合金,但这种组织难以承受高载荷。硬基体能承受较高的载荷,也具有较低的摩擦系数,但其磨合性较差。属于这类组织的轴承合金有铜基、铝基等轴承合金。轴承合金的理想组织如图 8-20 所示。

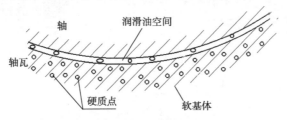

图 8-20　轴承合金理想组织示意图

8.4.3 常用的轴承合金

铸造轴承合金牌号用"铸"字汉语拼音字首"Z"加基体元素的化学符号加主要合金元素的化学符号及其质量分数的百分数表示。当合金元素质量分数小于 1% 时,不标注。例如,ZSnSb11Cu6表示锑的平均质量分数为 11%,铜的平均质量分数为 6%,余量为锡的铸造锡基轴承合金,常用的轴承合金有锡基轴承合金、铅基轴承合金和铝基轴承合金等。

1. 锡基轴承合金(锡基巴氏合金)

锡基轴承合金是指以锡为基础,加入合金元素锑、铜等组成的合金。锑能溶于锡从而形成 α固溶体,又能形成化合物 SnSb,铜与锡也能形成化合物 Cu_6Sn_5。软基体为 α固溶体(30 HBW);硬质点为化合物 Cu_6Sn_5(110 HBW),锡基轴承合金的性能特点是具有良好的塑性、韧性和导电、导热性,适当的硬度和较小的摩擦系数。一般用于制造重要的滑动轴承,如发动机、汽轮机等的高速轴承,锡基轴承合金的轴瓦如图 8-21所示。

2. 铅基轴承合金(铅基巴氏合金)

铅基轴承合金是指以铅、锑为基础,加入合金元素锡、铜等组成的合金。软基体为(α+β)共晶体,硬质点是先晶 β相(30 HBW)和化合物 Cu2Sb。铅基轴承合金具有的性能是强度、硬度、韧性均低于锡基轴承合金,且摩擦系数大。故只用于制造承受中等载荷作用的中

图 8-21　锡基轴承合金轴瓦

速轴承,如汽车、拖拉机的曲轴轴承及电动机轴承等。由于铅基轴承合金价格低廉,所以在能满足使用要求的前提下,尽量采用其代替锡基轴承合金,铅基轴承合金轴瓦如图 8-22所示。

3. 铝基轴承合金

铝基轴承合金是指以铝为基础,加入锡、锑、铜而形成的合金。铝基轴承合金的特点是资源丰富,价格低,具有良好的耐磨性、疲劳强度和高温强度。但线膨胀系数较大,抗咬合性较差。目前,采用铝基轴承合金有铝锑镁轴承合金和高锡铝轴承合金两种,其中高锡铝基轴承合金应用最广。其显微组织是硬基体(铝)上分布着软质点(球状锡晶粒)。这种轴承合金适用于制造重载荷作用下高速的发动机轴承,铝基滑动轴承座如图 8-23所示。

图 8-22　铅基轴承合金轴瓦　　　　　图 8-23　铝基滑动轴承座

常用轴承合金的牌号、力学性能及应用见表 8-10。

表 8-10　常用轴承合金的牌号、力学性能及应用

类别	典型牌号	铸造方法	硬度/HBW	应　　用
锡基轴承合金	ZSnSb8Cu4	金属型铸造	24	用于大型机器轴承、汽车发动机轴承等
	ZSnSb11Cu6		27	用于蒸汽机、涡轮机、蜗轮泵及内燃机中的高速轴承等
铅基轴承合金	ZPbSb15Sn5		20	用于低速、轻压力机械轴承等
	ZPbSb16Sn16Cu2		30	工作温度低于 120 ℃，无明显冲击载荷作用的高速轴承，如汽车和拖拉机中的曲轴轴承、电动机轴承、起重机轴承、重载荷推力轴承等
铝基轴承合金	ZAlSn6Cu1Ni1		45	用于制造重载荷作用下高速的汽车、拖拉机、发动机轴承及受力支承滑动轴承座等

相关链接

　　1839 年美国人巴比特发明了锡基与铅基轴承合金，用于制造滑动轴承，当时锡基减摩合金和铅基减摩合金又称为巴氏合金。该合金呈白色，也称"白合金"，通常将制造滑动轴承的巴氏合金称为轴承合金。

　　目前，巴比特合金已发展到几十个牌号，是各国广为使用的轴承材料。

8.5　硬　质　合　金

　　随着科学技术的飞速发展，生产效率不断提高，在机械加工中，刀具的切削速度也会不断提高。因此，对刀具材料的性能就提出了更高的要求，而在高速切削时，高速钢已不能满足使用要求，硬质合金刀具已经成为数控加工的主流刀具。

8.5.1　硬质合金的性能特点

　　硬质合金是指以一种或多种难熔的金属碳化物（如碳化钨 WC、碳化钛 TiC 等）粉末与起黏结作用的金属（如钴 Co 等）粉末混合，采用粉末冶金工艺制成的粉末冶金合金。其性能特点如下：

　　(1)硬度高(78～82 HRC)、热硬性高(可达 800 ℃～1 000 ℃以上)、耐磨性好、抗压强度高(6 000 MPa)，高熔点、高硬度的化合物含量高，制作刀具，切削速度可比高速钢高 4～7 倍，刀具寿命可提高 5～8 倍。

　　(2)脆性大、抗弯强度和抗冲击韧性不强，抗弯强度只有高速钢的 1/3～1/2，冲击韧性只有高速钢的 1/4～1/3。

　　硬质合金的力学性能主要由组成硬质合金碳化物的种类、数量、粉末颗粒的粗细和黏结剂的含量决定。碳化物的硬度和熔点越高，硬质合金的热硬性也越好。黏结剂含量大，则强度与韧性好。碳化物粉末越细，而黏结剂含量一定，则硬度越高。硬质合金主要用于制作各种刀具、冷作模具、量具和耐磨零件等。

8.5.2　切削加工用硬质合金

1. 切削加工用硬质合金分类

硬质合金刀片切削性能优异,在数控车削中被广泛使用。硬质合金刀片有标准规格系列产品,具体技术参数和切削性能由刀具生产厂家提供。按加工零件材料特性分为 P(蓝)、M(黄)、K(红)、N(绿)、S(棕)、H(白)六类。

常用硬质合金的分类与应用见表 8-11。

表 8-11　常用硬质合金的分类与应用

类　别	应　用
P	适于加工钢、长屑可锻铸铁(相当于我国的 YT 类)
M	适于加工奥氏体不锈钢、铸铁、高锰钢、合金铸铁等(相当于我国的 YW 类)
K	适于加工耐热合金和钛合金
N	适于加工铸铁、冷硬铸铁、短屑可锻铸铁、非钛合金(相当于我国的 YG 类)
S	适于加工铝、非铁合金
H	适于加工淬硬材料

2. 国产普通硬质合金

按其化学成分的不同,可分为四类:

(1)YG 类:钨钴类(WC+Co)硬质合金,对应于 K 类。它的主要成分为碳化钨和钴,其牌号用"硬"、"钴"两字的汉语拼音字首"YG"加数字表示,数字表示钴含量的百分数。如 YG8,表示钴的含量为 8%的钨钴类硬质合金。合金中钴含量高,韧性好,适于粗加工;钴含量低,适于精加工。此类合金韧性、磨削性、导热性较好,较适合加工产生崩碎切屑的脆性材料,如铸铁、非铁金属及其合金。

(2)YT 类:钨钛钴类(WC+TiC+Co)硬质合金,对应于 P 类。它的主要成分为碳化钨、碳化钛和钴,其牌号用"硬"、"钛"两字的汉语拼音的字首"YT"加数字表示,数字表示碳化钛含量的百分数,如 YT15 表示含碳化钛量 15%的钨钴钛类硬质合金。

合金中 TiC 含量越高,则耐磨性和耐热性越高,但强度低。因此,粗加工一般选择 TiC 含量低的牌号(如 YT15),精加工一般选择 TiC 含量高的牌号(如 YT30)。此类合金有较高的硬度和耐热性,主要用于加工切屑呈带状的钢件等。但应注意,YT 类合金不适合加工不锈钢和钛合金。因为钛元素之间会产生亲和力,致使发生严重的黏刀现象,在高温切削以及摩擦大的情况下会加剧刀具的磨损。

(3)YW 类:钨钛钽(铌)钴类[WC+TiC+TaC(NbC)+Co]硬质合金,对应于 M 类。它是以碳化钽、碳化铌取代钨钴钛类硬质合金中的一部分碳化钛制成的。该类硬质合金又称为"万能硬质合金"。其牌号用"硬""万"两字的汉语拼音字首"YW"加顺序号表示,如 YW1 表示 1 号万能硬质合金。此类硬质合金抗拉强度高,具有良好的耐蚀性,不但适用于冷硬铸铁、非铁金属加工及合金半精加工,也能用于不锈钢、耐热钢、淬火钢、高锰钢等难加工材料的半精加工和精加工。

(4)YN 类:碳化钛基类(WC+TiC+Ni+Mo)硬质合金,对应于 P01 类。此类硬质合金的切削性能、硬度、耐磨性及红硬性都比钨钛钴类硬质合金高,在 1 000 ℃以上的高温下仍能正常高速切削,而且抗弯强度、磨削性能和焊接性能也比钨钛钴类硬质合金好。因此,该硬质合金可用于精加工和半精加工,对于大、长零件且加工精度较高的零件尤其适合,但不适于有冲击载荷的粗加工和低速切削。

3. 超细晶粒硬质合金

超细晶粒硬质合金是指相对细晶粒及亚微细晶粒硬质合金进行比较,其晶粒尺寸在 $0.5\ \mu m$ 以下。它多用于 YG 类合金,使硬质合金的硬度和耐磨性得到较大提高。

超细晶粒硬质合金与普通硬质合金在硬度相同的条件下,强度较高;强度相同的情况下,硬度较高。主要是因为粒子变小、WC 与 WC 之间的钴会变薄,从而抵抗塑性变形的抗弯强度增加。另外,其抗弯强度和冲击韧度已接近高速钢。此类合金适合做小尺寸铣刀、钻头等,并可用于加工高硬度等难加工的材料。

上述硬质合金的硬度高、脆性大,除了磨削外,不能进行切削加工,一般不能制成形状复杂的整体刀具,因此一般将硬质合金制成一定规格的刀片,使用时将其紧固在相应刀体上,硬质合金刀片与机夹刀具如图 8-24 所示。常用硬质合金的牌号、化学成分及力学性能见表 8-12。

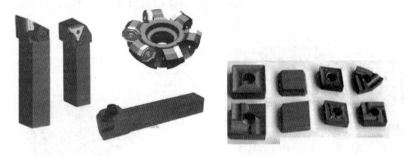

图 8-24　硬质合金刀片与机夹刀具

表 8-12　常用硬质合金的牌号、化学成分及力学性能

类　别	牌　号	化学成分 $w/\%$				硬度/HRC	R_m/MPa
		WC	TiC	TaC	Co		
钨钴类合金	YG3	97	—	—	3	91	1 100
	YG6	94	—	—	6	89.5	1 422
	YG8	92	—	—	8	89	1 500
	YG15	85	—	—	15	87	2 060
	YG20	80	—	—	20	85	2 600
钨钴钛类合金	YT5	85	5	—	10	89.5	1 373
	YT15	79	15	—	6	91	1 150
	YT30	66	30	—	4	92.5	883
钨钛钽(铌钴类合金	YW1	84～85	6	3～4	6	92	1 230
	YW2	82～83	6	3～4	8	91.5	1 470

4. 涂层硬质合金

涂层硬质合金是指在强度和韧性较好的硬质合金基体表面上,利用气相沉积方法涂覆一薄层

耐磨性好的难熔金属或非金属化合物（也可涂覆在陶瓷、高速钢、金刚石和立方氮化硼等超硬材料刀具上）从而获得的一种硬质合金。它具有表面硬度高、耐磨性好、化学性能稳定、耐热耐氧化、摩擦系数小和热导率低等特点，切削时可比未涂层刀具的寿命提高 3～5 倍以上。涂层硬质合金铣刀及刀片如图 8-25 所示。

5. 结钢硬质合金

图 8-25　涂层硬质合金铣刀及刀片

结钢硬质合金是指以难熔金属硬质化合物为硬质相，以钢作粘结相制成的硬质合金。它兼有碳化物的硬度、耐磨性以及钢的良好力学性能，主要应用于耐磨零件和机器构件。其组织特点是微细的硬质相均匀弥散地分布于钢的基体中。它是近年来，新开发新品种，其黏结剂为合金钢（不锈钢或高速钢）粉末，从而使其与钢一样可以进行锻造、切削加工、焊接及热处理等，用于制造各种形状复杂的刀具、模具及耐磨零件等。例如，高速钢结硬质合金可以制作滚刀、圆锯片等刀具，硬质合金锯片及滚刀如图 8-26 所示。

图 8-26　硬质合金锯片及滚刀

相关链接

　　19 世纪末期，人们为了寻找新的材料来取代高速钢，以进一步提高对金属的切削速度及降低加工成本，便开始了对硬质合金的研究。直到 1923 年，德国科学家提出用粉末冶金的方法，将碳化钨与少量的铁族金属（镁、镍、钴）混合，压制成型后在 1 300 ℃下于氢气中烧结来生产硬质合金，最终获得成功。

小　结

　　(1) 金属通常可分为铁金属和非铁金属两大类，即黑色金属和有色金属。

　　(2) 有色金属、轴承合金及硬质合金的种类、牌号、性能和用途。

名　称	性能及特点	种　类	常用牌号	应用举例
铝及铝合金	密度小、电导性、热导性好、易冷成形、易切削、有些铝合金可热处理强化	变形铝合金	5A05、5A21、2A11、7A04、1A50、2A70	容器、管道、叶片、飞机大梁、起落架、水泵、汽缸、活塞、舰船及内燃机配件等
		铸造铝合金	ZL102、ZL103、ZL201、ZL203、ZL301、ZL302	
铜及铜合金	电导性、热导性好、耐蚀性好、易冷、热加工成形、耐磨	黄铜	H70、H62	电气零件、螺母、蜗轮、散热器、钟表零件、弹簧、轴承、齿轮、弹性元件及耐磨抗蚀零件等
		青铜	QSn6.5-0.1、QAl9-4、QBe2	
钛及钛合金	密度小、强度高,耐高温,耐腐蚀、导热率低、无毒无磁、可焊接、生物相容性好	α 型钛合金	TB2	航空器零件、飞机压气机叶片等
		β 型钛合金	TA5、TA6、TA7	飞机骨架、压气机、叶片等壳体、叶片、焊接件和模锻件等
		α+β 型钛合金	TC1、TC2、TC4、TC10	容器、泵、武器构件、导弹发动机外壳、潜艇耐压舰身等
轴承合金	抗压强度和抗疲劳强度大、有足够的塑性和韧性、良好的导电性和耐蚀性	锡基轴承合金	ZSnSb11Cu6	汽轮机、发动机的高速轴承、汽车、拖拉机的曲轴轴承、航空发动机、柴油机轴承、高速重载下工作的轴承等
		铅基轴承合金	ZPbSb16Sn16Cu2	
		铜基轴承合金	ZCuPb30	
		铝基轴承合金	ZAlSn6Cu1Ni1	
硬质合金	硬度高、耐磨性好、抗压强度高	钨钴类硬质合金	YG8	用于加工脆性材料的刀具等,用于加工韧性材料的刀具等,用于加工脆性和韧性材料的刀具等
		钨钴钛类硬质合金	YT5、YT15、YT30	
		钨钴钽(铌)类硬质合金	YW1	

复习题

一、名词解释：

黑色金属、有色金属、硬质合金、滑动轴承合金。

二、选择题

1. 将相应的牌号填在括号内。

普通黄铜(　　),铸造黄铜(　　),锡青铜(　　),铍青铜(　　)。

　　A. H68　　　　　　　B. QSn4-3　　　　　　C. QBe2　　　　　　　D. ZCuZn38

2. 将相应的牌号填在括号内。

硬铝(　　),防锈铝(　　),超硬铝(　　),铸造铝合金(　　),锻铝(　　)。

　　A. LF21　　　　　　B. LY10　　　　　　　C. ZL101　　　　　　D. LC4E. LD2

3. 将相应的牌号填在括号内。

钨钴类硬质合金(　　),钨钴钛类硬质合金(　　),万能硬质合金(　　)。

　　A. YG6　　　　　　B. YT15　　　　　　　C. YW2

4. 防锈铝可采用（　　　）方法强化。

    A. 形变强化   B. 固溶热处理加时效 C. 变质处理

5. 硬质合金的热硬性可达（　　　）。

    A. 500 ℃～600 ℃   B. 600 ℃～800 ℃   C. 900 ℃～1 000 ℃

三、填空题

1. 根据铝合金的化学成分和工艺性能特点不同可分为（　　　　　）和（　　　　　）两大类。

2. 变形铝合金根据成分和性能特点可分为（　　　　）、（　　　　）、（　　　　）和（　　　　）。

3. 铸铁铝合金按所加入合金元素的不同,可分为（　　　　）系、（　　　　）系、（　　　　）系和（　　　　）系等四类。

4. 工业上常用的铜合金有（　　　　）、（　　　　）和（　　　　）。

5. 常用的轴承合金有（　　　　）、（　　　　）和（　　　　）等。

6. 硬质合金的性能特点是（　　　　）高、（　　　　）高、（　　　　）好（　　　　）高,但（　　　　）低、（　　　　）较差。

7. 常用的硬质合金有（　　　　）、（　　　　）和（　　　　）三种。

四、判断题

1. 特殊黄铜是不含有锌元素的黄铜。   （　　）

2. 变形铝合金都不能用热处理进行强化。   （　　）

3. 纯铝中杂质含量越高,其导电性、耐腐蚀性及塑性越好。   （　　）

4. 硬质合金硬度高、红硬性高、耐磨性好。   （　　）

5. 钛在海水和蒸汽中的耐腐蚀性能力比较差。   （　　）

6. 纯铜的强度低可以通过冷加工变形提高强度,但塑性显著下降。   （　　）

五、简答题

1. 什么叫硬质合金? 它分为哪几类? 各用在哪些场合?

2. 滑动轴承合金应具备哪些性能?

3. 含锡量对锡青铜的性能有什么影响?

4. 什么样的铝合金可以进行热处理强化?

第 9 章
非金属材料

学习目标

- 了解塑料、橡胶、胶黏剂的种类、性能及应用。
- 了解陶瓷材料的种类、性能及应用。
- 了解复合材料的种类、性能及应用。

9.1 概　　述

非金属材料是指金属及其合金以外的一切工程材料的总称。自 19 世纪以来,非金属材料在产品数量和品种方面取得了快速的发展。尤其是无机化学和有机化学工业的发展,人类以天然的矿物、植物、石油等为原料,制造和合成了许多新型非金属材料,如水泥、人造石墨、特种陶瓷、合成橡胶、合成树脂(塑料)及合成纤维等。由于非金属材料来源广泛,自然资源丰富,制取工艺简单,拥有金属材料所不具有的优良性能,如质轻、耐蚀、耐高/低温并具有良好的电绝缘性等,因此,近年来越来越多的非金属材料被广泛应用于各类工程结构中,取代部分金属材料并获得了良好的经济效益。

机械工程中广泛使用的非金属材料主要包括三方面:

(1)高分子材料:一般指由低分子通过聚合反应制成,如合成纤维、工程塑料(聚氯乙烯、聚苯乙烯等)、合成橡胶、胶黏剂及涂料等。

(2)工业陶瓷:主要指特种陶瓷和金属陶瓷,如工业用陶瓷、玻璃及耐火材料等。

(3)复合材料:主要指树脂基、金属基和陶瓷基三类复合材料。

9.2 塑　　料

塑料相对于金属、石材、木材,具有成本低、可塑性强等优点,大多数工程塑料都是以各种树脂为基础,再加入一些用来改善使用性能和工艺性能的添加剂(如填料、增塑剂等)而制成。这样制成的塑料,约占三大合成材料(合成树脂、合成橡胶、合成纤维)年产量的 2/3 以上。其中,用以代替金属而作为工程结构材料的,叫做工程材料,广泛应用于电子工业、机械、交通、航空工业、农业、日用品及人们生活中的各方面。

9.2.1 塑料的组成与分类

1. 塑料的组成

(1)树脂:塑料的主要成分,用以粘结塑料中其他成分,并使其具有成形性能。树脂的种类、性质和加入量对塑料的性能有很大的影响。目前,采用的树脂主要是合成树脂。

(2)添加剂:根据塑料的使用要求,在塑料中添加一些其他物质,以改善塑料的性能。如加入增塑剂可以提高塑料的可塑性和柔软性,改善塑料的成形能力;加入稳定剂可以提高塑料在光和热作用下的稳定性;加入铝可以提高塑料对光的反射能力并防止老化;加入 Al_2O_3、TiO_2、SiO_2 可以提高塑料的硬度和耐磨性等。

2. 塑料的分类

按应用范围分类可分为通用塑料、工程塑料与耐热塑料三种。

(1)通用塑料:该塑料一般产量大、用途广、价格低。典型的品种有聚氯乙烯、聚乙烯、聚苯乙烯、聚丙烯、酚醛等。这类塑料的产量占塑料总产量的 75% 以上,主要用于制作生活日用品、包装材料和一般零件。

(2)工程塑料:指具有优良力学性能和特殊性能,可代替金属做工程结构材料的一类塑料,它们是新型的制造工程结构、机器零件、工业容器和设备等的材料。

(3)耐热塑料:该塑料大多可在 150 ℃以上条件下工作,但其价格高、产量小,主要用于国防工业和尖端科技中。

按热性能可分为热塑性塑料与热固性塑料两种。

(1)热塑性塑料:这类塑料加热时软化,可塑造成形,冷却后变硬,可重复多次。这种变化是物理变化,化学结构式基本不变。此类塑料具有加工成形简单、力学性能好等优点。

① 聚乙烯(代号 PE)是热塑性塑料,是目前世界上塑料工业产量最大的品种,其特点是耐蚀、绝缘性好、加工性好、力学性能不高。用于薄膜、塑料瓶、电线电缆的绝缘材料及塑料管道等,PE 电力电缆如图 9-1 所示。

② 聚酰胺(代号 PA)也称尼龙,是最先发现的能承受载荷的热塑性塑料,也是目前机械工业中应用最广的一种工程塑料,其特点是坚韧、耐磨、耐疲劳性好、成型收缩率大、不耐热,用于制作耐磨传动件,如轴承齿轮、凸轮轴、蜗轮、密封圈、泵及阀门等,PA 尼龙齿轮如图 9-2 所示。

图 9-1 PE电力电缆

图 9-2 PA尼龙齿轮

③ 聚甲醛(代号 POM)是热塑性塑料,是继尼龙之后发展的产品,具有优良的综合性能,其强度、硬度、耐磨性、耐腐蚀性、耐冲击性是其他塑料不能比拟的。可在 104 ℃环境下长时间使用,制件尺寸稳定。用于制造汽车、机械、仪表、农机、化工、耐磨传动件、无润滑塑料轴承、凸轮、运输带、变压器罩及开关零件等,POM 塑料轴承如图 9-3 所示。

④ 聚碳酸酯(代号 PC)是热塑性塑料,其透明度达到86%～92%,这种塑料发展历史较短,但其力学性能、耐热性、耐寒性、电性能良好。用于制作受冲击零件,如座舱罩、面盔、防弹玻璃、飞机风挡罩、高压绝缘件及生活日用品等,PC 塑料杯如图 9-4 所示。

图 9-3　POM 塑料轴承

图 9-4　PC 塑料杯

⑤ 聚四氟乙烯(代号 F-4)是热塑性塑料,是氟塑料的一种,最大特点是具有耐高温、耐腐蚀、耐候性、电绝缘性能,它几乎不受任何化学药品的腐蚀。但它的摩擦系数极小、力学性能和加工性能较差,常用于制作热交换器、化工零件、绝缘材料、波纹管、信号线绝缘电缆等,F-4 电线护套波纹管如图 9-5 所示。

⑥ 聚丙烯(代号 PP)是一种半结晶的热塑性塑料。具有较高的耐冲击性,机械性质强韧,抗多种有机溶剂和酸碱腐蚀。常用于制作电子器件外壳、制造壳体、盖板、耐蚀容器、高频绝缘件、日用生活制品等,PP 日用收纳箱如图 9-6 所示。

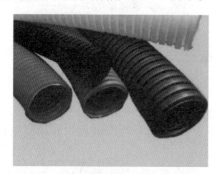

图 9-5　F-4 电线护套波纹管

图 9-6　PP 日用收纳箱

⑦ ABS 塑料(代号 ABS)是热塑性工程塑料,其抗冲击性、耐热性、耐低温性、耐化学药品性及电气性能优良,易加工、制品尺寸稳定、表面光泽性好等,容易涂装、着色,可于表面喷镀金属、电镀、焊接、热压和粘接等二次加工,应用于机械、汽车、管道、阀体、电子电器、仪器仪表、纺织和建筑等领域,ABS 塑料球阀如图 9-7 所示。

⑧ 聚砜(代号 PSU)是20 世纪60 年代出现发展起来的工程塑料,外观有的呈透明而微带琥珀

色,也有的是象牙色的不透明体。聚砜具有较好的化学稳定性,具有良好的力学性能、刚性和电性能,用于制造电器元件、仪器仪表零件、电动机罩、电池箱、汽车零件、日用电器外壳等,PSU 日用小音箱如图 9-8 所示。

图 9-7　ABS 塑料球阀　　　　　　　　　图 9-8　PSU 日用小音箱

⑨ 聚甲基丙烯酸甲脂(代号 PMMA)又称压克力或有机玻璃,无色透明,透光 90%～92%,韧性强,比普通硅玻璃大 10 倍以上,易于机械加工,用于替代玻璃材料、显示器屏幕、舷窗、光学镜片等,PMMA 飞机舷窗如图 9-9 所示。

⑩ 聚氯乙烯(代号 PVC)是氯乙烯在引发剂作用下聚合而成的热塑性树脂。当 PVC 中加入稳定剂、润滑剂和填料,经混炼后,用挤出机可挤出各种口径的硬管、异型管、波纹管,可用作下水管、饮水管、电线套管等,PVC 饮水管如图 9-10 所示。

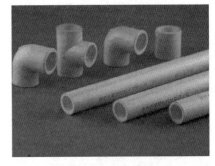

图 9-9　PMMA 飞机舷窗　　　　　　　图 9-10　PVC 饮水管

(2)热固性塑料:这类塑料加热时软化,可塑造成形。但固化后的塑料既不溶于溶剂,也不再受热软化,只能塑制一次。此类塑料耐热性好,受压不变形,但力学性能较差。如酚醛塑料、氨基塑料、环氧塑料、有机硅塑料等均属于热固性塑料。

① 酚醛塑料(代号 PF)又称为"电木"。它是一种硬而脆的热固性塑料,以酚醛树脂为基材的塑料称为酚醛塑料,其特点是绝缘性好、耐热性好、刚度高,广泛用作电绝缘材料、刹车片、齿轮、凸轮及离合器等,PF 汽车刹车片如图 9-11 所示。

② 环氧塑料(代号 EP)是指分子中含有两个以上环氧基团的一类聚合物的总称,其强度高、性能稳定、有毒性、耐热、耐蚀、绝缘性好,包括通用胶、结构胶、耐高温胶、耐低温胶、水中及潮湿面用胶、点焊胶、环氧树脂胶、发泡胶、密封胶、土木建筑胶等十六种。一些可用于制作充填塑料模具、量具、灌封电子元件等。

在使用环氧塑料时其中固化剂是必不可少的添加物,无论是作胶黏剂、涂料、浇注料都需添加固化剂,否则环氧树脂不能固化,环氧树脂与固化剂如图 9-12 所示。

图 9-11　PF 汽车刹车片　　　　　图 9-12　环氧树脂与固化剂

9.2.2　塑料的成型加工与机械加工

1. 塑料的成型加工

由塑料材料到塑料制品的加工,要经过若干工序才能完成,如成型、切削加工、接合、表面处理等。塑料从原料到成品的生产流程如下:

2. 机械加工

塑料的机械加工可采用与金属加工相同的切削工具和设备进行。一般情况下,塑料的剪切强度低,比一般金属材料容易切削。但其主要问题是散热性差,有回弹性等。机械加工时热量主要从刀具上散失,易使刃口变钝,并使塑料件变形,加工面粗糙,热量太大时甚至会出现废品,有回弹性会造成尺寸及几何形状的偏差,影响加工质量。

针对塑料的这些特性,所使用刀具的前角与后角比加工金属材料时要大,刃口要锋利。但需要有足够的冷却,如用压缩空气冷却、水冷等;夹持不能过紧,以防止产生变形;切削速度要高,背吃刀量要小。

　拓展延伸

车削塑料时,温度不能超过塑料的软化点,一般采用高速钢刀具。当采用硬质合金刀时,应采用大前角,负刃倾角,刃口要锋利,以避免工件表面起毛、起层及开裂等。

铣削塑料时,可选用高速钢铣刀,尽量选用前角大、刀齿少的刀具。同时,铣削时要注意冷却。

9.3　橡胶与胶黏剂

橡胶是一种高弹性的高分子材料。其伸长率很高($A=100\%\sim1\,000\%$),具有优良的耐磨性、隔音性和绝缘性,广泛用于弹性件、密封件、减振器及传动件等。

工业上使用的橡胶是在生胶中加入各种配合剂后得到的产品。主加的配合剂有硫化剂、硫化促进剂、活性剂、软化剂、填充剂、防老剂和着色剂等，以提高和改善橡胶制品的性能。

9.3.1 橡胶的组成、种类及应用

1. 橡胶的组成

橡胶是以生胶为基础，再加入配合剂制成。生胶按原料来源不同可分为天然橡胶和合成橡胶两类。天然橡胶是以热带橡胶树中流出的胶乳为原料，经过凝固、干燥、加压等工序制成的片状固体。它的综合性能很好，弹性较好，弹性模量为 $3\sim6$ MPa，约为钢铁的 1/30 000，而伸长率则为钢铁的 300 倍，广泛应用于制造轮胎、胶带、胶管等。合成橡胶是用化学合成方法制成的与天然橡胶性质相似的高分子材料，如丁苯橡胶、氯丁橡胶等。

配合剂是为了提高和改善橡胶制品的性质而加入的物质，主要有硫化剂、软化剂、防老化剂及填充剂等。天然橡胶常以硫磺作为硫化剂，并加入氧化锌和硫化促进剂加速硫化，以缩短硫化时间。加入硬脂酸、精制石蜡及油类物质作为软化剂，可以提高橡胶的塑性，改善其黏附力。加入石蜡、蜂蜡等作防老化剂，在橡胶表面形成稳定的氧化膜，防止和延缓橡胶制品的老化。用炭黑、陶土、滑石粉等作为填充剂，可以增加橡胶制品的强度与降低成本。

2. 橡胶的种类及应用

橡胶在氧化、光照(特别是紫外线照射)情况下，容易发生老化、破裂、发黏或变脆等现象。因此，在使用和储存过程中要特别注意保护。

(1)天然橡胶(代号 NR)是指从橡胶树上采集的天然胶乳，经过凝固、干燥等加工工序而制成的弹性固状物。它具有良好的耐磨性、抗撕裂性和加工性能，但耐高温性、耐油性、耐溶剂性、耐臭氧性及耐老化性差，用于制造轮胎、胶带、胶管及通用橡胶制品等，NR 汽车轮胎如图 9-13 所示。

(2)丁苯橡胶(代号 SBR)是由丁二烯和苯乙烯共聚制得，是整个合成橡胶规模较大，产量较高的通用橡胶。其综合性能和化学稳定性较好，且具有良好的耐磨性、耐热性和抗老化性能，但耐寒性和加工性能较差，用于制作潜水衣、运动护具、塑身用品、保温杯套、鞋材等，SBR 胶靴如图 9-14 所示。

图 9-13　NR 汽车轮胎

图 9-14　SBR 胶靴

(3)顺丁橡胶(代码 BR)生产能力仅次于丁苯橡胶，位居合成橡胶各胶种的第二位。它具有良好的弹性、耐磨性和耐低温性能，但抗拉强度、抗撕裂性和加工性能较差，用于制造轮胎、胶带、胶管及胶鞋等，BR 高压胶管如图 9-15 所示。

（4）氯丁橡胶（代号 CR）具有良好的物理性能，且耐油、耐热、耐燃、耐日光、耐臭氧、耐酸碱、耐化学试剂，具有较高的拉伸强度、伸长率，且粘接性好。但耐寒性和贮存稳定性较差，用于制造抗风化产品、胶管、胶带传送带、垫圈、模型制品及封条等，CR 门窗密封条如图 9-16 所示。

图 9-15　BR 高压胶管

图 9-16　CR 门窗密封条

（5）硅橡胶属于特种橡胶，具有良好的耐候性、耐臭氧性和电绝缘性，可在－100 ℃～300 ℃环境下工作，但强度低、耐油性差。用于制造航天航空工业中的密封制品、食品工业的罐头密封圈、医药卫生业中的橡胶制品、手套、胶管、电线、电缆的外皮等，硅胶手套如图 9-17 所示。

（6）氟橡胶（代号 FPM）属于特种橡胶，在各类橡胶中属于最好的，它具有优良的耐蚀性、耐高温性，可在 315 ℃环境下工作，耐油、耐高真空及抗辐射能力好，但加工性能较差，具有特殊用途，如航空、造船、化工、机械、轻工、垫圈、领域中的高级密封件及高真空橡胶件等，FPM 骨架密封圈如图 9-18 所示。

图 9-17　硅胶手套

图 9-18　FPM 骨架密封圈

🔒 相关链接

　　早在 1492 年以前，中美洲和南美洲的居民已经利用橡胶。直到 1736 年，法国在世界上首次报道有关橡胶的产地、采集方法和应用，使欧洲人开始认识天然橡胶，并进一步研究其利用价值。后又经过 100 年美国人固特异发明了橡胶硫化，经硫化后的橡胶遇热或在阳光下曝晒下，仍能保持良好的弹性，至此橡胶成为一种重要的工业原料，

　　1888 年，英国人邓禄普发明了充气轮胎，促进了汽车轮胎工业的发展。

9.3.2 胶黏剂

胶黏剂是以黏性物质作为基础,加入各种添加剂制成。它能将物体胶黏在一起,并使胶接面具有一定的胶接强度。胶接在某些情况下可以代替铆接、焊接或机械连接。例如,无法焊接的金属可采用胶接,金属材料与非金属材料的胶接等。

常用的胶黏剂有天然胶黏剂和人工合成树脂胶黏剂两类。天然胶黏剂有骨胶、虫胶、桃胶、树汁等。目前,大量使用的还是人工合成的树脂胶黏剂,它是由胶黏剂(酚醛树脂、聚苯乙烯等)、固化剂、填料及各种附加剂(增韧剂、抗氧化剂)组成。按使用要求不同,各组成部分的比例也不同。

胶黏剂不同,形成的胶接接头也不同。接头可以在一定温度、时间和条件下经固化后形成,也可以经加热、冷凝后形成,还可以先将胶黏剂溶入易挥发的溶液中,胶接后,溶剂挥发形成接头。常用胶黏剂的种类、特点及应用见表9-1。

表 9-1 常用胶黏剂的种类、特点及应用

类　别	名称与代号	主要特点	应　用
环氧胶黏剂	环氧-丁腈胶(E-7)	具有良好的密封性和耐热性,可在150 ℃环境下使用	用于胶接金属、玻璃钢等材料
	环氧通用胶(914)	具有良好的耐水性、耐油性、固化迅速、使用方便、成本低	用于胶接、修补或固定材料
聚氨酯胶黏剂	(101)	具有良好的电绝缘性、耐老化性、耐油性及低温性能,胶膜柔软	用于胶接金属、塑料、橡胶、陶瓷、木材、皮革等材料
酚醛胶黏剂	酚醛-缩醛胶(JSF-2)(FSC-2)	具有较高的胶接强度和良好的抗冲击性、抗疲劳及耐老化性能	用于胶接金属、塑料、玻璃、木材、皮革等材料
	酚醛-丁腈胶(J-03)(J-29)	具有较高的胶接强度和良好的弹性与韧性,耐冲击,抗振动,可在−50 ℃～80 ℃环境下长期工作	用于胶接金属、玻璃钢、陶瓷、等材料,也可以胶接蜂窝结构
瞬干胶	α-氰基丙烯酸脂胶(502)	具有良好的流动性、室温下固化迅速,可在−40 ℃～70 ℃环境下工作	用于各种机械零件的固定、各种接头的防漏及填堵缝隙
厌氧胶	(Y-150)	具有良好的流动性、密封性、耐蚀性、耐热性、耐寒性和工艺性,固化迅速,使用方便	用于胶接金属、塑料、橡胶、陶瓷、玻璃钢等材料,特别适于小面积的胶接和固化

9.4　陶　瓷　材　料

陶瓷是一类无机非金属材料,它是由金属和非金属元素的化合物组成的多晶体固体材料,其结构和显微组织比金属复杂得多,是人类制造和使用最早的材料之一。随着生产和科学技术的发展,陶瓷的使用范围已逐步扩大,特别是近几十年来陶瓷发展很快,它和金属材料、高分子材料等构成主要的固体工程材料。

传统陶瓷是用粘土、长石和石英等天然原料,经粉碎配制、坯料成型、烧结而成的。随着科学技术的不断进步,出现了许多新型的陶瓷材料,其性能也有了很大的进步。如磁性陶瓷材料、高绝缘陶瓷材料及光学陶瓷材料等。

9.4.1　陶瓷的性能

1. 力学性能

与金属比,多数陶瓷弹性模量高于金属,硬度高,抗压强度高。但脆性大,抗拉强度低。

2. 热性能

熔点高,高温抗蠕变能力强。热膨胀系数和热导率小,热硬性可达 1 000 ℃。

3. 化学性能

化学性质稳定,在高达 1 000 ℃ 的高温下都不会氧化。耐酸、碱和盐的腐蚀,也能抵抗熔融的非铁金属(如铝、铜)的侵蚀。

4. 电性能

大多数陶瓷绝缘性能好,是传统的绝缘材料,如电瓷。有的陶瓷还具有各种特殊电性能,如磁性陶瓷等。

9.4.2　常用陶瓷的分类、性能、特点与用途

1. 普通陶瓷

普通陶瓷(传统陶瓷)是指以天然硅酸矿物(黏土、长石和硅砂)等为原料制成的,这类陶瓷质地坚硬,不氧化生锈,耐腐蚀不导电。但强度低,耐高温性能比其他陶瓷低,能承受 1 200 ℃ 高温。普通陶瓷广泛用于电气、化工、建筑、纺织及日用生活用品等,日用陶瓷杯如图 9-19 所示。

2. 特种陶瓷

特种陶瓷是具有某些特殊的物理性能与化学性能的陶瓷,包括高温陶瓷、金属陶瓷、压电陶瓷等,它是用人工化合物(如氧化物、氮化物、碳化物等)为原料制成的。因其独特的性能,可满足工程上的特殊需要。主要用于化工、冶金、电子、机械等领域。

高温陶瓷可分为以下几类:

(1)氧化铝陶瓷:主要成分是刚玉(Al_2O_3),具有优良的性能,如强度、硬度高,绝缘性和耐蚀性好,耐高温,热硬性可达 1 200 ℃,但脆性大、耐急冷、急热性能差,用于制作高温容器、坩埚、热电偶的绝缘套、内燃机的火化塞及切削刀具等,氧化铝陶瓷刀片如图 9-20 所示。

图 9-19　日用陶瓷杯

图 9-20　氧化铝陶瓷刀片

(2)氮化硅陶瓷:一种烧结时不收缩的无机材料陶瓷。在1 400 ℃高温下仍能保持较高的抗弯强度,具有良好的抗氧化性、导热性、低密度、耐高温及化学稳定性等,用于制造耐磨、耐蚀、耐高温、绝缘的零件,如泵体的密封件、高温轴承、阀门、燃气轮机叶片等,氮化硅陶瓷高温轴承如图9-21所示。

(3)氮化硼陶瓷:氮化硼晶体属六方晶系,结构与石墨相似,性能也有很多相似之处,所以又称为"白石墨",可用于制造熔炼半导体的坩埚及冶金用高温容器、半导体散热绝缘零件、高温轴承、热电偶套管及玻璃成形模具、刀具、磨料及陶瓷砂轮等,氮化硼陶瓷砂轮片如图9-22所示。

9-21 氮化硅陶瓷高温轴承　　　　　　　图9-22 氮化硼陶瓷砂轮片

9.5 复 合 材 料

把两种或两种以上不同性质的材料,经人工组合而形成多相固体材料,即复合材料。如钢筋混凝土就是发挥了钢筋抗拉强度高,而混凝土抗压强度高的优点的复合材料。玻璃或树脂的强度和韧性都不高,但它们组成的复合材料玻璃钢却有很高的强度和韧性,而且质量轻。

9.5.1 复合材料的性能及特点

不同的金属材料之间可以复合,不同的非金属材料之间也可以复合,非金属材料还可以与金属材料复合。复合材料具有较高的强度、刚度、良好的耐蚀性,还具有减摩、耐磨、隔热、减振等性能。缺点是抗冲击性能差、横向强度和层间剪切强度较低、质量不稳定及成本较高等。

复合材料的性能特点如下:

(1)质轻、化学性能好,复合材料的"比强度"和"比模量"是各类固体材料中最高的。

(2)抗疲劳性与减震性好,纤维与基体的界面能使振波产生散射,故其阻尼特性好,即使产生了共振也会很快衰减且抗疲劳。例如,碳纤维—聚酯树脂复合材料的疲劳强度是其抗拉强度的70%～80%,而大多数金属的疲劳强度只有其抗拉强度的30%～50%。

(3)高温性能好,用碳或硼纤维增强的铝复合材料,当温度达到400 ℃～500 ℃时,其弹性模量和强度基本不变。

(4)断裂安全性高,过载时部分纤维断裂,但随即会迅速进行应力的重新分配,而由未断纤维承担全部载荷,不致造成构件在瞬间完全丧失承载能力而断裂。

相关链接

　　我国古代的陶瓷制品工艺水平很高,目前出土的古文物中有大量、精美且保存完好的陶瓷制品。西方国家对我国的最早认知就是从陶瓷开始的。

　　另外,陶瓷微粒也可以弥散分布在金属基体中,经压制成形及高温烧结(即粉末冶金法)后即可获得硬质合金材料,成为一种优良的工具材料。

9.5.2　常用复合材料的种类

　　1. 按基体类型分类

　　按基体类型可分为金属基体和非金属基体两类。非金属基体又分为高聚物复合材料和陶瓷基复合材料。目前,使用最多的是以高聚物材料为基体的复合材料。

　　2. 按增强剂的性质和结构形式分类

　　(1)玻璃纤维增强复合材料:

　　玻璃纤维增强复合材料是以玻璃纤维为增强剂,以合成树脂为基体(粘结剂)制成的,俗称玻璃钢。根据复合材料起粘结作用的基体不同,可分为热塑性和热固性两种。

　　以聚酰胺、聚苯乙烯、聚苯烯等热塑性树脂为粘结剂制成热塑性玻璃钢,具有较高的力学性能,耐热性能和抗老化性能强,工艺性能好,可用于轴承、齿轮及壳体等零件的制造。

　　以环氧树脂、酚醛树脂、有机硅树脂等热固性树脂为粘结剂制成热固性玻璃钢,具有密度小、强度高、化学稳定性好、工艺性能好等特点,可用于车身、船体构件的制造,玻璃钢船体如图 9-23 所示。

　　(2)碳纤维增强复合材料:

　　玻璃钢虽具有许多优点,但刚度较低。碳纤维增强复合材料是以碳纤维和环氧树脂、酚醛树脂、聚四氟乙烯等组成的复合材料,具有较高的强度和弹性模量,密度比玻璃钢小,同时还具有优良的耐磨性、减摩性、耐热性、耐蚀性及自润滑性,可用于制造跑车车身、赛车车身、化工设备中的耐蚀件及航空航天工业材料等,碳纤维自行车如图 9-24 所示。

图 9-23　玻璃钢船体　　　　　　图 9-24　碳纤维自行车

　　(3)层叠复合材料:

　　层叠复合材料是以两种或两种以上不同材料层叠在一起而成的。这类复合材料具有密度小、刚度高、抗压稳定性好、抗弯强度高的特点,主要用于航空工业、船舶及化工工业及体育用品等,复合材料滑雪板如图 9-25 所示。

　　(4)细粒复合材料:

　　常用细粒复合材料有两种:一种是由金属细粒和塑料复合制成的,具有导电性、导热性好、线膨胀系数低的特点,主要用于制造轴承、防射线的屏罩及隔音墙,快速路玻璃钢隔音墙如图9-26所示。另一种是由陶瓷细粒与金属复合制成的,将硬质细粒均匀分布于基体中,具有高硬度、高耐磨性及良好的耐热性好,如弥散强化合金、金属陶瓷等,主要用于制造切削刃具及耐高温零件。

图9-25　复合材料滑雪板

图9-26　快速路玻璃钢隔音墙

 **相关链接**

复合材料对雷达回波很小,可制造隐形飞机。

波音767客机采用了3 t碳纤维—芳纶纤维复合增强塑料,使波音767客机在使用性能方面不低于波音727客机,而重量却远远低于波音727客机,燃料消耗比波音727客机节省了30%以上。

小　结

塑料、陶瓷、复合材料的种类、性能见下表:

塑料	塑料	热塑性塑料:成型加工简便,但刚度和耐热性较差
		热固性材料:耐热性高,受压不易变形,但柔韧性差
橡胶	天然橡胶:弹性好,耐油、耐热性、耐老化性差	
	合成橡胶:保持天然橡胶的优良特性,增强了强度、刚度、耐磨、抗老化性	
陶瓷	普通陶瓷	以天然硅酸盐矿物为原料,经粉碎,压制成形,经高温烧结而成
	特种陶瓷	氧化铝陶瓷:硬度高,高温强度好
		氮化硅陶瓷:化学稳定性好,耐蚀性好,硬度高,高温强度好
		碳化硅陶瓷:高温强度好,热传导能力高
		氮化硼陶瓷:硬度极高,耐热性极好
复合材料	玻璃纤维增强复合材料:密度小,比强度和比模量大,应用最广	
	碳纤维增强复合材料:具有较高的强度和弹性模量,密度比玻璃钢小	
	层叠复合材料:隔音、绝热、比强度等性能好	
	细粒复合材料:具有导电性、导热性好、线膨胀系数低的特点	

复习题

一、名词解释：

塑料、陶瓷材料、复合材料。

二、填空题

1. 塑料是以（　　　　　）为基础，再加入（　　　　　）制成的。按热性能不同可分（　　　　　）和（　　　　　）。按使用范围不同可分为（　　　　　）（　　　　　）和（　　　　　）。

2. 热塑性塑料加热时（　　　　　），可塑造成型，冷却后（　　　　　），并可以（　　　　　）。

3. 橡胶是以（　　　　　）为基础，再加入（　　　　　）制成的。

4. 人工合成树脂胶黏剂是由（　　　　）（　　　　）（　　　　）及各种（　　　　　）组成。

5. 陶瓷一般分为（　　　　）和（　　　　）两类。

6. 热固性塑料加热时（　　　　），可塑造成型，固化后既（　　　　）也不再（　　　　），只能塑制（　　　　）次。

三、简答题

1. 请为下列塑料零件选一到两种材料。

(1)机件外壳、盖板　(2)齿轮、蜗轮　(3)轴承　(4)电器开关　(5)显示器外壳

2. 塑料与橡胶都分为几类？各有什么用途？

3. 热塑性塑料与热固性塑料有何区别？

4. 什么叫复合材料？它有哪些特性？

5. 请你说说生活中常见到的非金属材料？

第 10 章
工程材料的选用

学习目标
- 了解零件的失效形式和产生失效的原因。
- 掌握材料的选用原则、方法与选材。
- 理解按力学性能选材的一般方法与步骤。

在机械制造中,要获得合格的零件,就必须有正确的结构设计、合理的选材和热处理,高的机械加工质量,且必须综合考虑。因为只要其中一个环节出现问题都将直接影响到零件的整体效果,而合理地选材是保证产品质量的一个重要因素。

要合理选材,就必须全面分析零件的工作条件、工作环境、受力情况及失效形式,然后综合各种因素,再提出能满足零件工作条件的要求,选择合适的材料,再进行相应的热处理来满足零件性能的要求。

10.1　零件的失效分析

失效是指零件在使用过程中,由于尺寸、形状或材料的组织与性能发生变化而失去原设计的效能。一般机械零件在以下三种情况都认为已失效:

(1)零件完全不能工作。

(2)零件虽能工作,但已不能完成指定的功能。

(3)零件有严重损伤而不能再继续安全使用。

10.1.1　机械零件的失效

零件的失效有达到预定寿命的失效,也有远低于预定寿命不正常的早期失效。不论哪种失效,都是在外力或能量等外在因素作用下的损害。正常失效是比较安全的;而早期失效则不仅会带来经济损失,甚至可能造成人身和设备事故。失效形式包括以下四种:

1. 工件变形失效

工件变形失效是指机械零件在工作过程中,因零件整体或局部产生塑性变形而产生的失效,塑性变形的结果会造成机械或设备无法正常工作或失去精度。机械在工作时，由于受到工件内部残余的内应力、附加的振动应力的矢量和达到超过材料屈服强度的时候，使材料首先发生微量塑性变形，继而发展成大量塑性变形，从而使材料内部的内应力得以松弛和减轻，以致使工件产生变形失效，螺栓变形失效如图 10-1 所示。

2. 工件断裂失效

工件断裂失效是指机械零件在工作过程中，完全或局部断裂而产生的失效，断裂的结果会造成机器或设备突然卡住、停止运行，具有一定的危险性。主要包括以下三种情况：

(1)韧性断裂失效：表现在断裂前有明显的塑性变形。韧性断裂宏观变形方式为颈缩，断口呈现韧窝状，韧窝是由于空洞的形成、长大并连接在一起而导致的，花键轴韧性断裂如图 10-2 所示。

图 10-1　螺栓变形失效　　　　　　　　图 10-2　花键轴韧性断裂

(2)脆性断裂失效：表现在断裂前无塑性变形，无征兆，具有突然性。例如，齿轮工作时，通过齿面的接触传递动力，在啮合齿表面承受既有滚动又有滑动的高接触载荷与强烈的磨擦，传递动力时，其轮齿类似一根受力的悬臂梁，接触作用力在齿根处产生很大的力矩，使齿根部承受较高的弯曲应力，换挡、启动或啮合不均时，将承受冲击载荷，也可能因短时间超载而发生脆断，齿面剥落及磨损等。主要包括应力腐蚀断裂、腐蚀疲劳断裂和蠕变断裂等，齿条脆性断裂如图 10-3 所示。

(3)疲劳断裂失效：表现在交变应力作用下，虽然零件所承受的应力低于材料的屈服点，但由于零件长时间的相互接触、相对运动，在交变接触应力作用下，零件表层材料发生疲劳而脱落造成的失效。齿轮疲劳断裂如图 10-4 所示。

图 10-3　齿条脆性断裂　　　　　　　　图 10-4　齿轮疲劳断裂

3. 工件磨损失效

工件磨损失效：指因零部件几何尺寸(体积)变小，工件失去原有设计所规定的功能称为磨损失效。失效包括完全丧失原定功能或功能降低和有严重损伤或隐患,再继续使用会失去可靠性及安全性。磨损可以分为磨粒磨损、粘着磨损、腐蚀磨损、表面磨损、表面腐蚀、接触疲劳等均可造成表面损伤失效,如齿轮经长期工作,造成齿表面被磨损,而使精度降低的现象也属于表面损伤失效,齿面磨损失效如图 10-5 所示。

4. 工件裂纹失效

工件裂纹失效:指工件内外微裂纹在外力的作用下继续扩展,从而失去本身的功能造成工件裂纹现象。由于轴在高速运转传递扭矩时,要受到各种载荷的作用,如弯曲、扭转、冲击等。故要求传动轴应具有抵抗各种载荷的能力。当弯曲载荷较大、转速又很高时,传动轴还要受到很高的交变应力作用。若产生过量的弹性变形及过量的塑性变形均可导致零件产生裂纹,轴裂纹失效如图 10-6 所示。

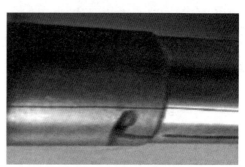

图 10-5 齿轮磨损失效   图 10-6 轴裂纹失效

同一个零件可能有几种失效形式,但往往不可能几种失效形式同时起作用,其中必然有一种起决定性的作用。例如,齿轮零件的失效可能是轮齿折断、齿面磨损、齿面点蚀、齿面胶合、硬化层剥落或齿面塑性变形失效等,应具体分析究竟是以哪种失效为主。

10.1.2 零件失效的原因

零件失效的原因很多,主要应从设计、材料、加工工艺、安装使用等几个方面考虑。

1. 结构设计不合理

零件的结构形状、尺寸设计不合理容易引起失效,如过渡圆角太小,存在尖角、锐角、缺口等均可造成较大的应力集中。另外安全系数过小,实际工作中零件承载能力不够,或者对环境的变化情况估计不足,忽略或低估了温度介质等因素的影响,造成零件实际承载能力降低等均属于设计不合理。

2. 材料选材不合理

设计中对零件可能出现的失效方式判断有误,使所用的材料性能不能满足工作条件要求,或者所选材料名义性能指标不能反映材料对实际失效形式的抗力,而错误地选择了材料。另外,所用材料质量差,如含有夹杂物、杂质元素等。这些都容易使零件造成失效,选材时应充分考虑并进行必要检查。

3. 加工工艺不合理

零件在加工和成形过程中,由于采用的工艺方法、工艺参数不正确,可能造成种种缺陷,如机械加工中常出现表面粗糙度值过大、存在较深的刀痕、磨削裂纹等。热成形过程中容易产生过热、过烧、带状组织、表面脱碳、淬火变形、开裂以及毛坯制造缺陷等,如铸件中的气孔、夹渣、石墨片粗大、分布不均匀、球墨铸铁中球化不良、球化衰退、白口组织及锻件纤维组织分布不合理等,均是导致零件早期失效的原因。

4. 安装使用不正确

设备在安装过程中,配合过紧、过松、对中不准,固定不紧或重心不稳,润滑条件不良,密封性差等,均易导致零件过早失效。另外,不按工艺规准操作,维修、保养不善均会使零件在不正常条件下工作而易造成失效。

零件失效的原因是多种多样的,实际情况往往非常复杂,失效可能是多种因素共同作用的结果。因此,分析失效原因应从多方面考虑,从而找出损坏的主要原因。

10.2　工程材料的选用原则及方法步骤

10.2.1　选材的原则

选材的一般原则首先是在满足使用性能的前提下,再考虑工艺性、经济性。

1. 零件选材应满足零件工作条件对材料使用性能的要求

材料的使用性能是指机械零件或构件在正常工作情况下材料应具备的性能,包括材料的力学、物理和化学性能等。它是保证其工作安全可靠、经久耐用的必要条件;在大多数情况下,它是选材时考虑的主要因素。对一般机械零件来说,则主要考虑其力学性能。对非金属材料制成的零件或构件还应注意其工作环境,因为非金属材料对温度、光、水、油等的敏感程度比金属材料大得多。

不同零件所要求的使用性能是很不一样的,有的零件要求高强度,有的则要求高的耐磨性,而有的甚至无严格的性能要求,仅要求有外观的光洁。因此,在选材时,首先就是准确地判断零件所要求的使用性能。一般零件按力学性能进行选材时,只要能正确地分析零件的服役条件和主要失效形式,从而找出其应具备的主要性能指标,并对零件的危险部位进行力学分析计算,正确计算所选材料的许用应力,则零件在服役期间,一般不会发生由于机械损伤而造成的早期失效,其工作应是安全可靠的。然而实际情况并非如此,因为往往有许多估计不到的因素会影响材料的性能和零件的使用寿命。所以,在按力学性能选材时,还必须考虑以下三个方面的问题:

(1)必须考虑材料和零件服役的实际情况。实际使用的材料都可能存在各种杂物和不同类型的宏观及微观的冶金缺陷,它们都会直接影响材料的力学性能。其次,材料在使用时必须注明其热处理规范。

(2)充分考虑钢材的尺寸效应。它是指如钢材截面尺寸不同,即使热处理相同,其力学性能也有差别。随着截面尺寸的增大,钢材的力学性能将下降,这种现象称为尺寸效应。对于需经热处理(淬火)的零件,由于尺寸效应,而使零件截面上不能获得与式样处理状态相同的均一组织,从而造成性能上的差异。

(3)综合考虑材料强度、塑性、韧性的合理配合。

2. 零件选材应满足加工工艺对材料工艺性能的要求

零件都是由不同材料通过一定的加工工艺制造出来的。因此,材料的工艺性能,也就是零件

加工成型的难易程度,对于正确选材也是相当重要的。材料的工艺性能包括以下内容:

(1)铸造性能:材料的铸造性能一般用流动性、收缩性和偏析等因素来综合评定。不同的材料其铸造性能有较大的差异,在同一合金系中成分接近共晶点的合金铸造性能最好。例如,铸造铝合金和铜合金的铸造性能优于铸钢和铸铁,而铸铁又优于铸钢。其中,灰铸铁的铸造性能最好。

(2)压力加工性能:压力加工性能包括锻造性能和冷冲压性能等。材料塑性好、成型性好,加工表面质量优良,不易产生裂纹;变形抗力小,金属易于实现固态下流动,易于充填模腔,不易产生缺陷。一般低碳钢的压力加工性能比高碳钢好,碳钢比合金钢好。

(3)切削加工性能:一般用切削抗力大小、零件表面粗糙度值大小、加工时切屑排除的难易程度及刀具磨损大小来衡量其好坏,它是合理选择结构钢的重要依据之一。

(4)热处理工艺性:热处理工艺性能主要包括淬透性、淬硬性、变形开裂倾向、回火脆性、耐回火性和氧化脱碳倾向等。例如,碳钢的淬透性差、强度低,加热时易过热造成晶粒粗大,淬火时易变形开裂。所以,制造强度高、截面大和形状复杂的零件要选用合金钢。

3. 零件选材应满足零件加工成本最经济合理的要求

经济合理涉及到材料的成本高低,材料的供应是否充足,加工工艺过程是否复杂,成品率的高低以及同一种产品中使用材料的品种、规格等。从选材的经济性原则考虑,应尽可能选用价格低廉、货源充足、加工方便、总成本低的材料,而且尽量减少所选材料的品种、规格,以简化供应、保管等工作。

另外,选材时也不能片面的强调所消耗材料的费用及零件的制造成本,因为在评定零件的经济效果时,还需要考虑其使用过程中的经济效益问题。例如,有些机器零件(曲轴、连杆等)的质量好坏会直接影响整台机器的使用寿命,一旦该零件失效,将造成整台机器的损坏事故,因此为了提高这类零件的使用寿命,即使材料价格和制造成本较高,从整体情况来看,其经济性仍然是合理的。

10.2.2 选材的方法与步骤

1. 选材的方法

大多数机械零件是在多种应力条件下工作的,而每个零件的受力情况,又因零件的工作条件不同而不一样。因此,在选材时应根据零件最主要的性能要求,作为选材的主要依据,现将生产中最常见的非标准结构件的选材方法进行简单介绍。

(1)以综合力学性能为主时的选材:在机械制造中有相当多的结构零件,如轴、杆、套类等零件,在工作时均不同程度地承受着各种载荷的作用,这就要求零件具有较高的强度和较好的塑性、韧性。对于这类零件的选材,可根据零件的受力大小选用中碳钢或中碳合金钢类材料,并进行调质或正火处理即可满足要求;也可选用球墨铸铁经正火或等温淬火处理。

(2)以疲劳强度为主时的选材:疲劳破坏是零件在交变应力作用下最常见的破坏形式,如发动机曲轴、齿轮、弹簧及滚动轴承等零件的失效,大多数是由疲劳破坏引起的。因此,类似上述零件的选材,应主要考虑疲劳性能。

通常认为,应力集中是导致疲劳破坏的重要因素。因此,对于在交变应力条件下工作的零件,除合理选材并通过热处理方法提高疲劳强度外,零件还必须有合理的结构形状和正确的加工方法,以减少应力集中的影响。实践证明,材料的强度极限越高,其疲劳强度也越大;在强度极限相同的条件下,调质后的组织比退火、正火后的组织具有更高的塑性、韧性,对应力集中敏感性小,具有较高的疲劳强度。因此,对于承受载荷较大的零件应考虑选用淬透性较高的材料,以便通过调质处理,提高零件的疲劳强度。

(3)以磨损为主时的选材:根据零件工作条件不同,可分为两种情况:

① 磨损较大、受力较小的零件和各种量具,如钻套、顶尖等。选用高碳钢或高碳合金钢,进行淬火和低温回火处理,获得高硬度的回火马氏体和碳化物的组织能满足要求。

② 同时受磨损及交变应力作用的零件,为使其耐磨并具有较高的疲劳强度,应优先选用能进行表面淬火、渗碳和渗氮等的钢材,经热处理后使零件"外硬而里韧",既耐磨又能承受冲击。例如,机床的齿轮和主轴广泛选用中碳钢或中碳合金钢,经正火或调质后再进行表面淬火处理,可获得较高的表面硬度和心部韧性较好的综合力学性能。而对于承受高冲击载荷和要求耐磨性高的汽车、拖拉机的变速齿轮,必须采用低碳钢渗碳后经淬火、低温回火处理,使表面具有高硬度的高碳马氏体和碳化物组织,从而具有高耐磨性,而心部是低碳马氏体组织,具有高的强度和良好的塑性、韧性,能承受大的冲击,可满足使用要求。

要求硬度、耐磨性更高以及热处理变形小的零件,如高精度磨床主轴及镗床主轴等,常选用专门的渗氮用钢(如 38CrMoAl)进行渗氮处理。

2. 选材的步骤

零件选材的基本步骤如下:

(1)分析零件的工作条件及失效形式,分析的目的是根据具体情况提出最关键的性能要求,同时考虑其他性能。

(2)对同类产品的选材情况进行调查研究,这样可从其使用性能、原料供应和加工等各个方面分析其选材是否合理,以便作为选材时的参考。

(3)确定零件应具有的主要性能指标,特别是关键性能指标。一般主要考虑力学性能,在特殊条件下则还应考虑物理、化学性能指标,以便选择具体的材料牌号。

(4)初步选择出材料牌号并决定热处理方法和其他强化方法。

(5)对于关键性的零件投产前应先在实验室试验,初步检验所选材料与热处理方法能否达到各项性能指标要求,冷热加工有无困难,当实验室试验结果基本满足后可逐步批量投产。

10.3　典型零件金属材料的选材

机械制造中零件的种类很多,性能要求不一,而满足这些零件性能要求的材料也很多。例如,金属材料、高分子材料、陶瓷材料及复合材料等都是当前常用的工程材料,它们各有自己的特点,比较来看,金属材料具有优良的综合力学性能,因此被广泛使用。

10.3.1　齿轮类零件

在机械设备中齿轮的用量非常多,其工作过程大致相似,齿轮在运行时,通过齿面的接触传递动力,因此在啮合齿表面既有滚动又有滑动的高接触载荷与强烈的磨擦,传递动力时,其轮齿类似一根受力的悬臂梁,接触作用力在齿根处产生很大的力矩,使齿根部承受较高的弯曲应力,换挡、启动或啮合不均时,将承受冲击载荷。所以要求在选材时,应选耐磨性较高,表面具有一定硬度而心部又具有一定韧性的材料。

1. 齿轮零件常用的材料

一般来说,对于有受力复杂、重要的齿轮大都采用模锻钢制造,如常用中碳钢或中碳合金钢来制造中、低速和承载不大的中、小型传动机构齿轮;用低碳钢或低碳合金钢制造高速、能耐强烈冲击的重载齿轮,对于直径较大(400～600 mm)且形状复杂的齿轮毛坯,常采用铸钢制造;一些轻载、低速、不受冲击、精度要求不高的开式传动齿轮用铸铁制造,如混凝土搅拌机滚筒齿轮等;对于长期在腐蚀性介质中工作的轻载齿轮用有色金属材料制造;受力不大,在无润滑条件下工作的小型齿轮可采用尼龙或 ABS 塑料来制造。

2. 典型齿轮零件选材实例

图 10-7 所示为汽车变速齿轮,该齿轮由于在工作中承受了重载荷和大冲击作用,故工作量繁重。选材时从力学性能考虑,齿表面应有高的硬度及耐磨性,为了防止在冲击载荷作用下不致使轮齿折断,要求轮齿心部具有高的强度和韧性。这样须选用渗碳钢,为了提高其淬透性并使齿轮在渗碳过程中不致晶粒粗大以便于渗碳后直接淬火,须选用合金钢。因此,根据上述力学性能和工艺性能的综合要求可选用合金渗碳钢,生产中常选用 20Cr 或 20CrMnTi 渗碳钢。

图 10-7　汽车变速齿轮

3. 典型汽车齿轮零件工艺路线

下料→锻造→正火→机械加工→渗碳＋淬火＋低温回火→喷丸处理→磨削。

正火是为了均匀和细化组织,消除锻造应力,获得良好的切削加工性能;渗碳＋淬火＋低温回火是为了提高齿面硬度和耐磨性,并使齿轮心部获得低碳马氏体组织,具有足够的韧性;喷丸处理可使渗碳层表面压应力进一步增大,提高疲劳强度。

10.3.2　轴类零件

轴的某些部位承受着不同程度的摩擦,特别是轴颈部分,应具有较高的硬度以增加耐磨性。轴颈的磨损程度取决于与其配合的轴承类别。在与滚动轴承相配合时,因摩擦已转移给滚珠与套圈,轴颈与轴承不发生摩擦,故轴颈部位没有耐磨要求。在与滑动轴承配合时,轴颈和轴瓦直接摩擦,所以耐磨性要求较高;转速较高且轴瓦材质较硬时,耐磨性要求亦随之提高,轴颈表面硬度也应越高。

1. 轴类零件常用的材料

工作时承受着弯曲应力和扭转应力,但由于承受的载荷与转速都不高,冲击作用也不大,只要材料具有一般的综合力学性能即可。根据上述工作条件分析,该主轴可选用 45 钢。热处理工艺为整体调质,硬度为 220～250 HBS。45 钢虽属于淬透性较差的钢种,但由于主轴工作时最大应力分布在表层,同时主轴设计时,往往因刚度与结构的需要已加大了轴径,强度安全系数较高。又因在粗车后,轴的形状较简单,在调质淬火时一般不会有开裂的危险。因此,不必选用合金调质钢,可选用价廉、可锻性与切削加工性好的 45 钢。

2. 典型内燃机曲轴零件选材实例

图 10-8 所示为内燃机曲轴,它是内燃机中形状复杂而又重要的零件之一,它的作用是输出内燃机功率,并驱动内燃机自身的其他运动机构。由于内燃机功率大,故曲轴工作中受到弯曲、扭转、剪切、拉压、冲击等复杂交变应力,这些应力可造成曲轴的扭转振动和弯曲振动,使之产生附加应力;因曲轴形状极不规则,故应力分布很不均匀;另外,由于在滑动轴承中工作,故要求轴颈部位有较高的硬度及耐磨性能要求。因此,曲轴的损坏形式主要是疲劳断裂和轴颈严重磨损两种。

图 10-8　内燃机曲轴

根据曲轴的损坏形式,要求制造曲轴的材料必须具有高的强度及一定的冲击韧性,足够的弯曲、扭转疲劳强度和刚度,轴颈表面还应有高的硬度和耐磨性。按制造工艺不同,曲轴分锻钢曲轴和铸造曲轴两种。锻钢曲轴的材料主要有中碳钢和中碳合金钢,如 35 钢、40 钢、45 钢、35Mn2、40Cr、35CrMo 钢等。铸造曲轴材料主要有铸钢(如 ZG230-450),球墨铸铁(如 QT600-3、QT700-2),珠光体可锻铸铁(如 KTZ450-06、KTZ550-04),以及合金铸铁等。

内燃机曲轴材料的选择,主要根据内燃机的类型、功率大小、转速高低和轴承材料等项条件而定。同时也需考虑加工条件、生产批量、热处理工艺及制造成本等。

综上所述,该曲轴材料可选用 QT700-2,整体高温正火后在轴颈处进行气体渗碳处理。

3. 典型内燃机曲轴零件工艺路线

下料→锻造→正火→机械粗加工→调质→机械半精加工→局部淬火+低温回火(锥孔及外锥体)→粗磨(外圆、外锥体锥孔)→铣花键→花键高频感应淬火+回火→精磨(外圆、外锥体锥孔)。

 拓展延伸

曲轴轴颈与锡青铜滑动轴承配合,其轴颈硬度不得低于 300~400 HBW。对于高精度机床,由于少量磨损就会导致精度下降,常采用淬火钢与滑动轴承配合,轴颈必须具有更高的硬度与耐磨性,常用渗氮处理。

10.3.3　箱体类零件

减速器是发动机和工作机之间的独立的闭式传动装置,用来降低转速和增大转矩或在某些场合也用来增速,可在基本结构的基础上根据齿面硬度、传动级数、出轴型式、装配型式、安装型式、联接型式等因素设计不同特性的减速器,以满足工作需要。

1. 减速箱体零件常用的材料

减速箱体的结构复杂,受力不大,有不规则的外形和内腔,壁厚不均,质量及工作条件相差很大。一般选灰铸铁、球墨铸铁和铸钢浇注;对于生产数量少、工期短的箱体零件,也可以用钢板焊接而成；对于受力不大、要求重量轻的箱体零件也可以采用铸造铝合金制造。

2. 典型箱体零件选材实例

图 10-9 所示为齿轮减速器箱体，它是由箱盖与底座两个部分组成。箱体上有三个轴承孔，精度较高并承受一定的载荷，要求有良好的刚度、减振性和密封性，可选 HT200 制造。

3. 典型箱体零件工艺路线

铸造→去应力退火→划线→机械粗（精）加工。

去应力退火是为消除铸件内存在的残余应力，稳定尺寸，减少工件使用过程中的变形。

图 10-9　齿轮减速器箱体

相关链接

工程材料的选用目的不是为了选出最好的材料，而是在满足使用性能的前提下选出最佳材料，在保证经济性的前提下，按零件使用的受力、温度、耐磨蚀等条件选择，能用碳钢的不用合金钢；能用低合金钢的，不用高合金钢；能用普通钢的，不用特殊性能钢。这对于批量生产零件来说就显得尤为重要。另外，还应从材料的加工费用来考虑，尽量选精铸、精锻等少切削新工艺的毛坯。

小　结

本章讲述了零件的失效形式及失效的原因，介绍了工程材料的选材原则及方法步骤。通过对典型零件选材的整体过程的讲述，使学生对工程材料有了进一步的认识，以便今后能够适应实际生产的要求。

（1）零件的失效形式：

零件失效	工件变形失效		指机械零件在工作过程中，因零件整体或局部产生塑性变形而产生的失效
	工件断裂失效	韧性失效	表现在断裂前有明显的塑性变形。韧性断裂宏观变形方式为颈缩
		脆性失效	表现在断裂前无塑性变形，无征兆，具有突然性
		疲劳失效	表现在交变接触应力作用下，零件表层材料发生疲劳而脱落造成的失效
	工件磨损失效		表现在完全丧失原定功能或功能降低和有严重损伤或隐患，再继续使用会失去可靠性及安全性
	工件裂纹失效		指工件内外微裂纹在外力的作用下继续扩展，从而失去本身的功能造成工件裂纹现象

（2）机械工程材料的选用：

零件的失效分析	失效形式	① 工件变形失效 ② 工件断裂失效 ③ 工件磨损失效 ④ 工件裂纹失效
	失效原因	① 结构设计不合理 ② 材料选材不合理 ③ 加工工艺不合理 ④ 安装使用不正确
材料的选用原则	使用性	应满足零件工作条件对材料使用性能的要求
	工艺性	应满足加工工艺对材料工艺性能的要求
	经济性	应满足零件加工成本最经济合理的要求
选材的方法与步骤	方法	① 以综合力学性能为主 ② 以疲劳强度为主 ③ 以磨损为主
	步骤	① 分析零件的工作条件及失效形式 ② 对同类产品的选材情况进行调查研究 ③ 确定零件应具有的主要性能指标 ④ 初步选择出材料牌号并决定热处理方法和其他强化方法 ⑤ 对于关键性的零件投产前应先在实验室试验

复 习 题

一、名词解释

工件变形失效、工件断裂失效、工件磨损失效、工件裂纹失效。

二、填空题

1. 零件的失效形式分为（　　　　　）、（　　　　　）和（　　　　　）三种。

2. 零件失效的原因有（　　　　　）、（　　　　　）、（　　　　　）和（　　　　　）。

3. 材料的工艺性能根据加工方法不同有以下几种（　　　　　）、（　　　　　）、（　　　　　）、（　　　　　）、（　　　　　）。

4. 零件的工作条件包括（　　　　）（　　　　）（　　　　）（　　　　）和（　　　　）等。

三、简答题

1. 请为下列工件选一到两种材料：

工件：汽车缓冲弹簧、机床床身、发动机连杆螺栓、钻头、自行车车架、普通机床地脚螺栓、高速粗车刀。

材料：45 钢、40Cr、Q235、T10、16Mn、W18Cr4V、HT200。

2. 简述零件选材的方法与步骤。

3. 零件一般在哪几种情况下就被认为已失效？

4. 机械零件失效的原因是什么？分析零件失效的目的是什么？

附录 A 压痕直径与布氏硬度对照表

压痕直径 D /mm	硬度/HBW D =10 mm F=29.42 kN	压痕直径 D /mm	硬度/HBW D =10 mm F=29.42 kN	压痕直径 D /mm	硬度/HBW D =10 mm F=29.42 kN
2.40	653	3.18	368	3.96	234
2.42	643	3.20	363	3.98	231
2.44	632	3.22	359	4.00	229
2.46	621	3.24	354	4.02	226
2.48	611	3.26	350	4.04	224
2.50	601	3.28	345	4.06	222
2.52	592	3.30	341	4.08	219
2.54	582	3.32	337	4.10	217
2.56	573	3.34	333	4.12	215
2.58	564	3.36	329	4.14	213
2.60	555	3.38	325	4.16	211
2.62	547	3.40	321	4.18	209
2.64	538	3.42	317	4.20	207
2.66	530	3.44	313	4.22	204
2.68	522	3.46	309	4.24	202
2.70	514	3.48	305	4.26	200
2.72	507	3.50	302	4.28	198
2.74	499	3.52	298	4.30	197
2.76	492	3.54	295	4.32	195
2.78	485	3.56	292	4.34	193
2.80	477	3.58	288	4.36	191
2.82	471	3.60	285	4.38	189
2.84	464	3.62	282	4.40	187
2.86	457	3.64	278	4.42	185
2.88	451	3.66	275	4.44	184
2.90	444	3.68	272	4.46	182
2.92	438	3.70	269	4.48	180
2.94	432	3.72	266	4.50	179
2.96	426	3.74	263	4.52	177
2.98	420	3.76	260	4.54	175
3.00	415	3.78	257	4.56	174
3.02	409	3.80	255	4.58	172
3.04	404	3.82	252	4.60	170
3.06	398	3.84	249	4.62	169
3.08	393	3.86	246	4.64	167
3.10	388	3.88	244	4.66	166
3.12	383	3.90	241	4.68	164
3.14	378	3.92	239	4.70	163
3.16	373	3.94	236	4.72	161

续表

压痕直径 D /mm	硬度/HBW D =10 mm F=29.42 kN	压痕直径 D /mm	硬度/HBW D =10 mm F=29.42 kN	压痕直径 D /mm	硬度/HBW D =10 mm F=29.42 kN
4.74	160	5.18	132	5.62	110
4.76	158	5.20	131	5.64	110
4.78	157	5.22	130	5.66	109
4.80	156	5.24	129	5.68	108
4.82	154	5.26	128	5.70	107
4.84	153	5.28	127	5.72	106
4.86	152	5.30	126	5.74	105
4.88	150	5.32	125	5.76	105
4.90	149	5.34	124	5.78	104
4.92	148	5.36	123	5.80	103
4.94	146	5.38	122	5.82	102
4.96	145	5.40	121	5.84	101
4.98	144	5.42	120	5.86	101
5.00	143	5.44	119	5.88	99.9
5.02	141	5.46	118	5.90	99.2
5.04	140	5.48	117	5.92	98.4
5.06	139	5.50	116	5.94	97.7
5.08	138	5.52	115	5.96	96.9
5.10	137	5.54	114	5.98	96.2
5.12	135	5.56	113	6.00	95.5
5.14	134	5.58	112		
5.16	133	5.60	111		

附录 B 黑色金属硬度及强度换算表

洛氏硬度		布氏硬度	维氏硬度	近似强度值	洛氏硬度		布氏硬度	维氏硬度	近似强度值
HRC	HRA	/HB	/HV	R_m/MPa	HRC	HRA	/HB	/HV	R_m/MPa
70	(86.6)		(1 037)		43	72.1	401	411	1 389
69	(86.1)		997		42	71.6	391	399	1 347
68	(85.5)		959		41	71.1	380	388	1 307
67	85.0		923		40	70.5	370	377	1 268
66	84.4		889		39	70.0	360	367	1 232
65	82.9		856		38		350	357	1 197
64	83.3		825		37		341	347	1 163
63	82.8		795		36		332	338	1 131
62	82.2		766		35		323	329	1 100
61	81.7		739		34		314	320	1 070
60	81.2		713	2 607	33		309	312	1 042
59	80.6		688	2 496	32		298	304	1 015
58	80.1		664	2 391	31		291	296	989
57	79.5		642	2 293	30		283	289	964
56	79.0		620	2 201	29		276	281	940
55	78.5		599	2 115	28		269	274	917
54	77.9		579	2 034	27		263	268	895
53	77.4		561	1 957	26		257	261	874
52	76.9		543	1 885	25		251	255	854
51	76.3	(501)	525	1 817	24		245	249	835
50	75.8	(488)	509	1 753	23		240	243	816
49	75.2	(474)	493	1 692	22		234	237	799
48	74.7	(461)	478	1 635	21		229	231	782
47	74.2	449	463	1 581	20		225	226	767
46	73.7	436	449	1 529	19		220	221	752
45	73.2	424	436	1 480	18		216	216	734
44	72.6	413	423	1 434	17		211	211	724